普通高等学校学前教育专业系列教材

儿童行为观察与指导

主　编　罗秋英
副主编　张　宇
编　者　于文哲　赵元猛　孙传英

復旦大學出版社

内容提要

《儿童行为观察与指导》是一本系统介绍幼儿行为观察方法的指导用书。本书系统介绍了幼儿行为观察的理论以及常用的行之有效的幼儿行为观察方法，在此基础上不仅系统介绍了观察记录与观察资料的分析与运用，还详细介绍了幼儿园区角活动、户外活动、认知活动、社会活动、情绪情感活动个别观察的具体操作要领。教材在编写的过程中，内容翔实，理论联系实际，可操作性强，规范性强，力求体现科学性、时代性和实践性的特点，突出实用性、操作性的要求，从文字表述到编排形式，体现简明易懂、深入浅出、突出重点、生动活泼等特点。本书适用范围广，既可作为高等院校学前教育专业学生的专业教科书，又可作为幼儿园教师和家长的观察指导用书。

本书配有教学课件、教案、视频、习题库等教学资源，可登录复旦学前云平台免费下载（www.fudanxueqian.com）。

复旦学前云平台
数字化教学支持说明

为提高教学服务水平，促进课程立体化建设，复旦大学出版社学前教育分社建设了“复旦学前云平台”，以为师生提供丰富的课程配套资源，可通过“电脑端”和“手机端”查看、获取。

【电脑端】

电脑端资源包括 PPT 课件、电子教案、习题答案、课程大纲、音频、视频等内容。可登录“复旦学前云平台”www. fudanxueqian. com 浏览、下载。

Step 1　登录网站“复旦学前云平台”www. fudanxueqian. com，点击右上角“登录/注册”，使用手机号注册。

Step 2　在“搜索”栏输入相关书名，找到该书，点击进入。

Step 3　点击【配套资源】中的“下载”（首次使用需输入教师信息），即可下载。音频、视频内容可通过搜索该书【视听包】在线浏览。

【手机端】

PPT 课件、音视频、阅读材料：用微信扫描书中二维码即可浏览。

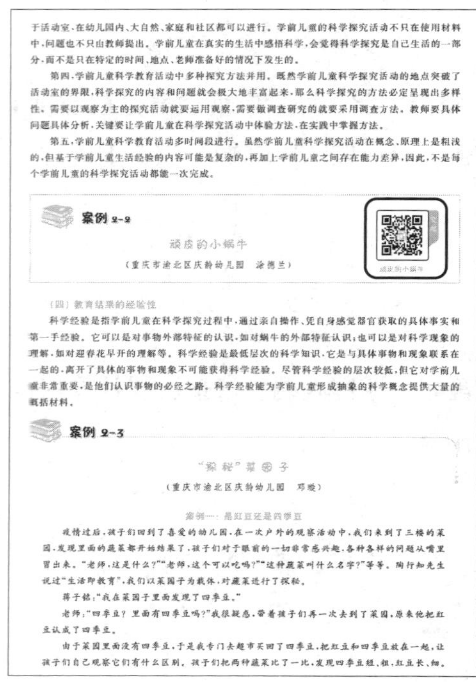

于活动室，在幼儿园内、大自然、家庭和社区都可以进行。学前儿童的科学探究活动不只在使用材料中，问题也不只由教师提出。学前儿童在真实的生活中感悟科学，会觉得科学探究是自己生活的一部分，而不是只在特定的时间、地点、老师准备好的情况下发生的。

第四，学前儿童科学教育活动中多种探究方法并用。既然学前儿童科学探究活动的地点突破了活动室的界限，科学探究的内容和问题就会极大地丰富起来，那么科学探究的方法必定呈现出多样性。需要以观察为主的探究活动就要运用观察，需要做调查研究的就要采用调查方法。教师要具体问题具体分析，关键要让学前儿童在科学探究活动中体验方法，在实践中掌握方法。

第五，学前儿童科学教育活动多时间段进行。虽然学前儿童科学探究活动在概念、原理上是粗浅的，但基于学前儿童生活经验的内容可能是复杂的，再加上学前儿童之间存在能力差异，因此，不是每个学前儿童的科学探究活动都能一次完成。

案例 2-2

顽皮的小蜗牛

（重庆市渝北区庆龄幼儿园　涂德兰）

顽皮的小蜗牛

（四）教育结果的经验性

科学经验是指学前儿童在科学探究过程中，通过亲自操作、凭自身感觉器官获取的具体事实和第一手经验。它可以是对事物外部特征的认识，如对蜗牛的外部特征认识；也可以是对科学现象的理解，如对迎春花早开的理解等。科学经验是最低层次的科学知识，它是与具体事物和现象联系在一起的，离开了具体的事物和现象不可能获得科学经验。尽管科学经验的层次较低，但它对学前儿童非常重要，是他们认识事物的必经之路。科学经验能为学前儿童形成抽象的科学概念提供大量的概括材料。

案例 2-3

"探秘"菜园子

（重庆市渝北区庆龄幼儿园　邓璇）

案例一：是红豆还是四季豆

疫情过后，孩子们回到了喜爱的幼儿园，在一次户外的观察活动中，我们来到了三楼的菜园，发现里面的蔬菜都开始结果了，孩子们对于眼前的一切非常感兴趣，各种各样的问题从嘴里冒出来。"老师，这是什么？""老师，这个可以吃吗？""这种蔬菜叫什么名字？"等等。陶行知先生说过"生活即教育"，我们以菜园子为载体，对蔬菜进行了探秘。

蒋子铭："我在菜园子里面发现了四季豆。"

老师："四季豆？里面有四季豆吗？"我很疑惑，带着孩子们再一次去到了菜园，原来他把红豆认成了四季豆。

由于菜园里面没有四季豆，于是我专门去超市买回了四季豆，把红豆和四季豆放在一起，让孩子们自己观察它们有什么区别。孩子们把两种蔬菜比了一比，发现四季豆短、粗，红豆长、细。

扫码浏览

【更多相关资源】

更多资源，如专家文章、活动设计案例、绘本阅读、环境创设、图书信息等，可关注"幼师宝"微信公众号，搜索、查阅。

平台技术支持热线：029-68518879。

"幼师宝"微信公众号

前言

“观察、观察、再观察”是苏联著名生理学家巴甫洛夫的座右铭，他曾一再告诫他的学生：“应该先学会观察，不会观察，就永远当不了科学家。”

蒙台梭利曾说：“唯有通过观察和分析，才能真正了解孩子内心的需要和个别差异，以决定如何协调环境，并采取应有的态度来配合幼儿成长的需要！”

《儿童行为观察与指导》是一本系统介绍幼儿行为观察方法的指导用书。本书系统介绍了幼儿行为观察的理论以及几种行之有效的幼儿行为观察方法，在此基础上不仅系统介绍了观察记录与观察资料的分析与运用，还详细介绍了幼儿园区角活动、户外活动、认知活动、社会活动、情绪情感活动个别观察的具体操作要领。教材在编写的过程中，注重理论联系实际，力求体现科学性、时代性和实践性的特点，突出实用性、操作性的要求，从文字表述到编排形式上，体现简明易懂、深入浅出、突出重点、生动活泼等特点。本书既可作为高等院校学前教育专业学生的专业教科书，也可作为幼儿园教师和家长的观察指导用书。

全书共分为十二章。参加编写的人员有：罗秋英（第一章、第四章、第五章、第十一章、第十二章）、于文哲（第二章、第三章）、孙传英（第六章、第七章）、赵元猛（第八章、第十章）、张宇（第九章）。罗秋英负责制定编写体例及审读定稿，张宇承担了全书的统稿和审稿。

本书在编写和出版过程中得到了黑龙江幼儿师范高等专科学校周世华校长、复旦大学出版社查莉老师的支持和帮助，谨向他们表示衷心的感谢。同时本次编写参考、引用、借鉴了许多国内外同行的最新研究成果，在此表示感谢。

由于时间仓促和编写人员的水平有限，对书中的疏漏、错误和不足之处，恳请广大读者批评指正，以便我们改正和补充。

目录

第一篇　儿童行为观察

第二篇　儿童行为分析研究

第三篇　儿童行为观察研究与指导的实践操作

第一篇

儿童行为观察

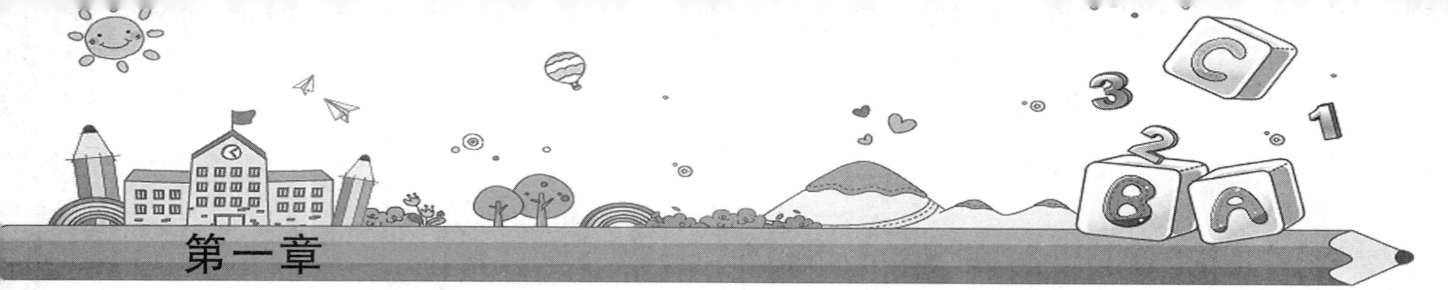

观察观察再观察

学习目标

1. 认知：了解观察、选题的基本含义、基本特点；明确儿童行为观察的意义、每种类型的优点与不足及在科学观察过程中应遵循的基本原则。

2. 技能：初步具有选择观察问题、确立观察类型和撰写开题报告的能力。

3. 情感：激发学习本门课程的热情，树立主动观察的意识和实事求是的研究精神。

经典导学

斯金纳和他的神秘箱子

斯金纳，是美国著名心理学家，他有一个神秘的箱子，利用这个箱子，他做了一系列的对小白鼠的观察实验。一项观察是：将一只很饿的小白鼠放入一个有按钮的箱中，每次按下按钮，则掉落食物。结果发现：小白鼠自发学会了通过按压按钮获取食物。另一项观察是：将一只小白鼠放入一个有按钮的箱中。箱子的底部通电，小白鼠不按下按钮，则箱子通电，小白鼠被电击。经过一段时间后，发现小白鼠学会了自发按压按钮逃避电击。斯金纳通过观察发现，动物的学习行为是随着一个起强化作用的刺激而发生的。随之，斯金纳把动物的学习行为推广到人类的学习行为上，认为人的一切行为几乎都是操作性强化的结果，人们有可能通过强化作用的影响去改变别人的反应。斯金纳的这项观察实验被誉为“20 世纪最伟大的实验”，他的一位崇拜者写道：“斯金纳是一个神话中的著名人物，是科学家的英雄，是普罗米修斯式的播火者，是技艺高超的技术专家……是敢于打破偶像的

斯金纳箱 ——→

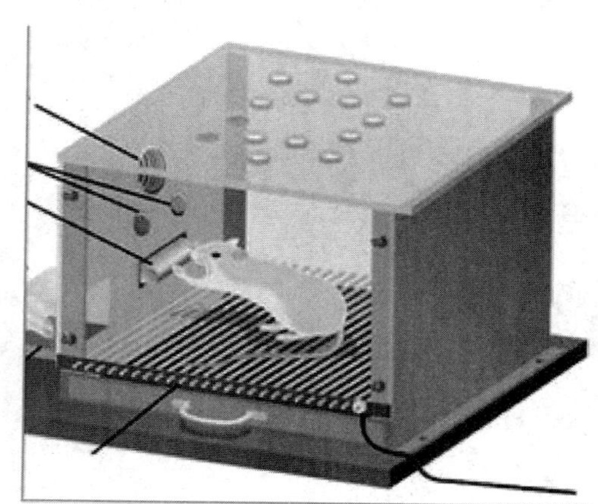

人，是不畏权威的人，他解放了我们的思想，从而脱离了古代的局限。”这一切溢美之词都源于对他对观察技术的重视和使用。

蒙台梭利说：“我们总是说要了解孩子，但说起来容易，做起来却非常困难。每个孩子，都是一张对成人的考卷，有时候我们在孩子面前，更显得一无所知，像个傻瓜。”因此，“唯有通过观察和分析才能真正了解孩子的内在需要和个别差异，以决定如何协调环境，并采取应有的态度来配合幼儿成长的需要。教育体系是以感官为基础，以思考为过程，以自由为目的。”由此可见，观察对于儿童教育工作的重要意义，没有观察，就没有对儿童的了解和认识，又何谈教育和引导呢？那么，什么是观察呢？

第一节　观察研究的概述

一、观察与观察法

观察是日常生活和科学研究不可缺少的手段，是有目的、计划持久的认识活动。人们通过观察去了解周围的各种现象，去认识周围的各种活动，从而总结在观察中所获得的各种经验，形成对客观世界和主观社会的认识，形成系统的世界观和人生观。“那些我没有画好的东西，是因为我根本就没有好好地看过。”艺术家费德瑞克在《视觉的禅》中说：“直到我开始仔细观察那些平凡的事物，我才发现那原本多么地不凡。”由此可见，观察全面、体会深刻，就会形成对客观世界的全面完整的认识，从而采取积极的行动，取得各项工作的成功。

观察也是人类赖以生存的手段。儿童出生后，只有通过简单的观察感知，才能认识周围的环境，才能逐渐出现更为复杂的心理活动；中医大夫在给病人看病的过程中，需要对病人进行望、闻、问、切来诊断病情，从而确定合理的治疗方案，如果观察的细心、准确，获得的信息全面、可靠，就会做出正确的判断，对症下药，从而取得良好的医疗效果。

科学研究的前提就是透过对万事万物表面现象的观察，把握客观事物的内在规律，从而进行发明和创造。莱特兄弟观察到鸟儿翱翔的现象，才有了人类飞向蓝天的灵感；牛顿观察到了苹果落地的客观现象，才发现了隐藏在这一现象背后的客观规律，从而发现了万有引力定律；幼儿教师通过仔细观察儿童各种表现，才能把握孩子的心理发展变化，才能走入孩子的心灵世界。所以，幼儿教育工作者只有通过认真观察儿童的实际需要、现实表现，才能制定出合理的教育、教学方案，取得良好的教育、教学效果。一位著名的教育家提出：“只有当青少年学会不仅留心观察周围世界，而且留心观察自己本身，不仅努力认识周围的事物和现象，而且努力认识自己的内心世界，把他的精神力量用到使自己本身变得更好、更完美的时候，他才能成为一个真正的人。”可见，无论是对外在世界，还是内心世界，都离不开观察。因此巴普洛夫在他的实验室里写的座右铭就是：观察；观察；再观察。

在学前教育过程中，由于教育对象是年幼的儿童，他们受各种发展条件的制约，往往不能很好地表达自己的意愿，因而在对他们进行教育和保育过程中，观察就更为重要。

观察既是一种认识活动，也是科学研究常用的方法。观察法是有目的、有计划观察研究对象在一定条件下言行的变化，并对结果进行记录和分析，从而得出结论的方法。从中我们看出，观察与观察法不同，观察注重对过程的注意，而观察法要通过观察的过程获得信息，进行深入细致的研究，得出具有一定意义或价值的结论，并形成完整的研究报告。所以，作为一种方法，观察法不是一蹴而就的，要有一系列的环节，如事先要有目的和计划；事中要有观察、记录和分析；事后要得出结论。只有这样，才能称其为方法。观察法也是被人类采用的最早的研究方法，我国伟大的思想家、教育家孔子早在两千年前就曾指出：“始吾於人也，听其言而信其行；今吾於人也，听其言而观其行。”就是说我们对人的了解，不能只靠道听途说，还要眼见为实。著名教育家裴斯泰洛齐早在18世纪，就开始用观察法记录他3岁半儿子的发展情况，从而奠定了他教育研究的基础。

二、观察研究的作用

（一）儿童行为观察是学前教育科学研究最重要、最基本的方法

观察研究是一切学前教育研究活动的前提和基础，人类对世界的认识源于观察，爱因斯坦曾经指出："理论所以能够成立，其根源就在于它同大量的单个观察关联着，而理论的真理性也在于此。"在学前教育的过程中，如果萌发了一个非常好的想法，这个想法在儿童具体的学习活动中能否行得通，结果会怎样？为了验证有效性，最好的方法就是到儿童教育实践的过程中去观察，通过具体的观察，才能够切实体会到新模式、新方法的优越和不足，从而做出最后的评价。再如，我们常常把教育调查作为了解信息获得结论的重要方法，但是，设计调查问卷时，也要进行前瞻性的观察，只有这样，才能提出更为恰当的问题，编写出更为合适的问卷，使教育调查的效果得到提升。在进行科学实验时更是这样，无论是自然实验还是实验室实验，都离不开对被试验对象的准确的、全面的观察，巴普洛夫通过对狗的观察提出了"条件反射理论"；斯金纳通过对小白鼠的观察，提出了"强化理论"；社会心理学家班杜拉通过对儿童的观察提出了"延迟满足现象"。可见，每位心理学家的研究成果都是建立在观察基础上的，所以，观察研究是最重要、最基本的方法，是一切学前教育研究活动的前提和基础。

（二）儿童行为观察是学前教育科学研究最真实、可靠的方法

观察研究是一切科研活动的开始，获得的是第一手的原始资料，具有极其重要的价值。科学研究起源于问题，是在问题的基础上，进行有针对性的观察、调查、实验等研究活动。那么，问题又是从哪里来的呢？问题就来源于我们日常生产和生活实践，因此说，学前教育研究的活动始于观察，有经验的幼儿教育工作者总是勤于、乐于、善于观察幼儿教育过程中的各种问题、各种现象，并从观察的过程中受到启示，形成教育过程中的各种科研问题，进而将这些问题转换成科研课题，从而成为科学研究活动的出发点。如幼儿教育工作者在具体观察中发现，幼儿在入园初期会表现出强烈的对幼儿园的不习惯、不适应；从幼儿园到上小学时又表现出对小学教育的不适应，这些不适应的存在严重影响了儿童正常的成长和发展，也给幼儿园和小学的正常教学秩序和教育、教学活动的开展带来了一定的影响，如何使幼儿尽早地适应幼儿园、小学的学习环境，减少教师、孩子、家长的烦恼呢？就需要在这两个阶段进行深入地观察研究。

（三）儿童行为观察是学前教育科学研究最常用的方法

儿童行为观察研究是以儿童为研究对象的，揭示的是儿童在家庭和幼儿园各种活动中的行为表现，由于儿童的特殊性，孩子的表现往往难以用实验等方法进行干预和控制，更需要进行系统的观察和描述。运用儿童行为观察研究在进行时，被观察的对象处于自然的状态，受到人为控制和干扰的因素较少，同时，由于观察者可以长时间地集中于被观察对象的任何有意义的活动，在和被观察对象长期相处的过程中，利于观察者进行纵向、横向的比较，也有利于对观察过程中出现的偶发和必然事件的区分，因此儿童行为观察是学前教育科学研究中获得有效信息的重要途径，是最常用的方法。

（四）儿童行为观察是最容易进行验证的方法

任何科学研究的效果都需要进行验证，观察研究的效果也不例外，这种验证不是以哲人或伟人的权威作为标准的，而是用具体的实践活动。毛泽东说："实践是检验真理的唯一标准。"幼儿教育的基本理论一经提出，是否具有真理性和代表性；幼儿教育政策法规的制定是否符合客观规律，观察研究的结论是否科学可靠，都需要通过大量的实践，通过科学的观察进行检验。

综上所述，儿童行为观察与研究无论是在理论提出的过程、政策的制定过程中还是实践的实施中都具有不可替代的作用。

三、观察研究的特点

儿童行为观察是以儿童为研究对象的，在运用过程中，表现出了其他方法不可替代的地位和价值，但是在实际操作的过程中也有优势和不足，需要注意取长补短，才能取得最好的研究效果。

(一) 观察研究的优势

首先,针对性强。

由于幼儿的年龄较小,思维能力、理解能力、言语表达能力等都没有很好地发展起来,在对他们进行研究的过程中,有许多方法如实验法、调查法等都不容易直接使用,因而更多采用观察法。可以弥补幼儿理解能力和反应方式等方面的局限,能观测到用其他方法无法测量的行为和表现。同时,观察法旨在考察儿童的实际行为,并不需要做出特定的反应,所以可以有效地避免其他方法中有可能发生的现象,有利于观测到许多真实的行为表现,尤其是对儿童在社会、情感领域内行为的观察,更为合适。

其次,操作简便。

儿童行为观察研究往往不受观察场地、时间的限制,可以随时随地进行。实际上儿童的行为通常是不易被限制和控制的,儿童在被观察的过程中,由于他们的年龄和阅历的限制,还意识不到正在实施的观察,故不会进行伪装,通常就与平时一样,在这种情形下进行的观察,既不会影响观察的效果,也不会给儿童的正常生活和发展带来妨碍,可以随时随地使用。

总之,在学前儿童研究领域内,儿童行为观察与研究是最有效的方法之一,相比其他研究方法所占的地位更重要,当然如果能够与其他研究方法结合起来使用,会更加增进应用的价值。

尽管儿童行为观察与研究有许多优势,但金无足赤,任何方法都不是唯一的,也不是完美的,儿童行为观察与研究法也有不足之处,了解这些不足,在具体的观察活动中扬长避短,才能使观察的效果更理想。

(二) 观察研究存在的不足

首先,观察的过程难以深入。

由于儿童行为观察与研究主要是借助于人的感觉器官或一定的仪器设备进行,运用人的感觉器官或仪器设备进行观察时,观察的深度和范围往往受限制,超过了这个限度,就会看不到、听不到……感受不到,也就难以深入到事物的内部,无法揭示事物或现象的本质特点。如"对刚入园儿童入园哭闹行为"的观察,到底儿童的哭闹行为是由于"对陌生环境的恐惧""对父母的依恋""对幼儿教师的不接纳"或是"对小朋友的反感"哪个原因造成的?难以从表面的观察中获得结论。同时,由于儿童行为观察与研究是在观察者直接操纵下进行的,而观察者本身知识面占有的广度、对该观察活动认识的程度、在观察过程中驾驭观察活动能力水平的高低以及不同的观察者掌握观察活动标准的差异、记录观察问题的不同方法、分析问题的不同角度等等,都会直接给儿童行为观察与研究的结论打上主观色彩,从而直接影响到观察最后的效果。

其次,观察的进程不易控制。

通常观察是在自然状态下进行的,而儿童的许多行为又是无法进行直接控制和约束的,常常会有很多意想不到的情况出现,这就可能给观察的进程带来意想不到的麻烦,可能使观察的活动无法正常进行,影响观察的效果,如对"儿童上午和下午注意力持久性"的观察,就有可能会因为意外人员的闯入或意外情况的出现而使观察活动无法进行。

再次,观察的结果难以推广。

由于儿童的行为有较大的差异性和个别性,行为与行为之间的相似性较差,因此观察结果所获得的数据的差异性也较大,不利于进行统计和分析,同时结果的处理也不会像实验法那样有一个固定的常模和标准,使观察者能够按照说明获得一定的结论。也由于受观察样本容量的影响,观察结果的代表性和普遍性不强,使观察结果推广的可能性受到影响。如"对刚入园幼儿哭闹行为的观察研究"得出的结论,在适合某个孩子的同时,不一定对别的孩子也适用,即使适合这所幼儿园的孩子.也不一定适合其他幼儿园的孩子。

四、观察研究的注意事项

从上面的叙述中,我们也看到了观察研究既有优点,也有不足,在具体实施的过程中要发扬优点,弥补不足,要注意以下事项。

（一）观察研究要有明确的目的

观察研究是有目的、有意识的活动，是研究者根据研究任务的需要，为了解决或验证某一个问题而进行的，所以，在实施观察前要有明确的目的：为什么观察？观察什么？我们曾经在幼儿园做过这样一个实验，组织小朋友们参观儿童公园，参观前将全班分成两组，一组告诉小朋友们行动的目的：要去参观儿童公园，到儿童公园去看哪些景色，回来后需要告诉老师哪些内容；另一组则什么也不说。第二天，统计孩子们在儿童公园所获得的信息量，结果发现：第一组的小朋友获得的信息量比第二组多40.89%。可见，明确的观察目的，可以促进观察活动获得系统全面的信息，提高观察的效果。

（二）观察研究的实施要具体

观察研究是观察者在实践过程中，运用自己的感觉器官或借助于仪器设备，亲自进行的，对观察对象的一系列研究活动，是需要直接对观察对象实施的。如：附属幼儿园的赵老师刚接了一个新班级，在一日常规活动中，赵老师发现，新班级的小朋友在就餐时出现的问题特别多，诸如用手抓饭、挑食、打闹等现象，于是，她坚持认真观察并记录孩子们每天的表现，在业务学习的时候与教师们共同讨论，找出了解决问题的策略，从而使这些现象都得到了有效的解决。反之，这些现象如果都是道听途说的，无论是讨论的效果，还是策略的建议都不一定这样有效。

（三）观察研究的过程要系统全面

由于观察研究活动是为了获得最终结论服务的，因而在观察研究的过程中，要对观察研究的整个过程进行系统的安排，如：对每一个环节的信息认真进行记录，对观察的结果进行系统的分析，只有这样，才能够获得系统的、可靠的研究结论。

（四）观察研究前要做好准备

虽然对儿童行为观察研究要系统全面，但也不是要把所有的现象和事实都进行记录和分析，而是要从观察对象所表现的大量信息中，选择典型的、有代表性的研究对象、现象、环节和时间，在典型的、有代表性的时间、地点和条件下，获得典型的、有代表性的信息和结论。因而，在观察前，对每个活动的细节都要进行充分的准备和规划，如：明确观察活动的目的、意义；制定观察活动的详细计划；选择观察活动实施的具体方法；清楚观察过程中的具体任务，做好与观察活动相关的知识储备等。只有准备充分，计划周到，才能进行得有效，才能从观察的具体活动中获得全面、系统的信息。就如我们都喜爱旅游，旅游之前如果不对目的地有充分的认识和准备，旅游活动的盲目性就会很大，就会影响旅游的心情和效果，反之如果掌握了旅游目的地的地理特点、历史演变和风土人情，在旅游的过程中就会获得更深层、更全面、更系统的信息，旅游的效果就好，收获就大，可见，活动前期的准备非常重要。

学习拓展

浅谈观察在幼儿园教学中的重要性

从近六年的幼儿园教学实践中，我深刻地感觉到观察的重要性。不管是正式的还是非正式的观察，对教学计划的制定和活动的开展都起着非常重要的作用，它可以让我们更加了解幼儿，把握幼儿的兴趣、年龄特征，满足幼儿个体发展的需要，这些都启示我们要做一个用心观察的老师，养成良好的观察和记录习惯，随时随地进行观察和分析。

摘自曹姣，浅谈观察在幼儿园教学中的重要性. 基础教育，(2016 年 26 期)

湖南师范大学教育科学学院 http://www.cnki.net/KCMS/detail/

第二节　观察问题的选择

明确了在学前教育工作中，对儿童行为进行研究和观察的重要意义，就要开始对儿童的行为进行观

察与研究。俗话说，良好的开端是成功的一半，儿童行为观察与研究始于问题。因此，选择一个有意义、有发展前景的问题，作为课题进行研究，是整个观察研究活动至关重要的环节。

一、儿童行为观察选题的意义

选题就是确定儿童行为观察与研究的课题。学前教育工作中存在着各种各样的亟待解决的问题，俗话说，良好的开端，等于成功的一半，选择一个有价值、有发展前景又符合自己特点的问题作为研究课题，既能体现教师自身的素质，又能保证研究的活动顺利开展。

在幼儿园的教育教学活动中，存在着大量的问题，这些问题是千差万别的，有的对幼儿园的发展至关重要；有的研究范围广大，单凭一己之力难以完成；有的研究难度大，需要打破常规探索新的路径；有的影响力强，解决得好，会给各项工作带来促进作用，解决不好，则会给幼儿教育工作带来极大影响；有的则是无关紧要，或者别人已经研究过的，所以，要从这些问题中，选择一个既符合自己的研究方向，又有影响力的课题是非常不容易的，因此，能否发现和提出有价值的问题，是观察研究的关键，幼儿教师作为学前教育的一线教师，只有不断地把自己的教育教学工作，与对儿童行为的观察研究活动结合起来，才能提高自身的理论水平和业务素质；只有不断发现问题、解决问题，才能在解决问题、研究问题的过程中，实现自己的专业成长，实现由经验型教师向专业化教师的发展。

同时，恰当的选题也制约着研究活动的顺利开展。确立了研究问题，就明确了研究的目标、研究的方向，以及研究过程所要采用的具体方式和方法。题目选择恰到好处，研究工作进展就顺利，否则就会陷入困境，处处受阻，因此，研究问题的选择，直接影响着研究过程中各项活动的顺利开展和研究活动的成败。由于选题的重要性，在选题的过程中要遵循以下原则。

二、儿童行为观察选题的原则

（一）选题要有科学性

科学性是指所确立的课题是否正确，这是课题选择最基本的要求，科学的前提是以充分的事实为根据的，以科学的理论作为指导，符合教育教学活动的基本规律。如果课题在刚开始确立时就不正确，那么，研究活动就会越来越偏离正确的轨道，不仅会造成人力、物力的巨大浪费，更会误人子弟，带来不可挽回的损失。如几年前盛行的“儿童早期大规模识字研究的课题”，由于课题本身没有遵循儿童心理发展的基本规律，结果不仅使课题研究失败，增加了儿童学习负担，使孩子还没有上学，就开始厌学，影响了儿童心理健康的发展。

（二）选题要有实用性

实用就是有用，实用性即所选择的问题，是否对幼儿园的实践活动具有实际作用？对学前教育、教学活动是否具有指导意义？对完善和发展学前教育理论是否有重要意义？如：著名的学前教育家田立德老师，在长期从事幼儿教育的过程中，体会到音乐训练对儿童素质教育的重要性。因此，在她的带领下，开展了“儿童音乐素质训练的课题研究”，取得了显著的实验效果，不仅获得了丰富的研究成果，而且也促进了儿童音乐素质的提高，她本人也成为国内著名的学前教育专家。

（三）选题要符合自己的能力

选题要符合自己的能力，就是量力而行，课题必须符合自己人力、物力所能承担的实际情况，否则，课题过大或所需的人力、物力过多，自己或课题组承担不起，就会半途而废。如：要确立“关于幼儿园教师体制改革问题”的课题，就需要考虑如下主观和客观因素：

1. 课题组成员是否具备开展这项课题研究的协调能力；
2. 课题组成员能否保证研究的时间；
3. 课题组成员能否获得相应的人力、物力、财力的支持；
4. 课题组成员能否占有足够的研究材料等等。

因此，在课题研究中要充分分析自己所占有的各项条件，扬长避短，量力而行，如果不考虑主、客观因素，在选题过程中贪大求全、好高骛远就会半途而废，不能收获预期的研究效果。

（四）选题要有创新性

创新是指有别于常规或常人的见解、行为，选题要有创新性，就是要研究前人或别人没有解决或没解决好的问题，通过自己的研究获得新的有价值的信息，如果课题没有创新，重复别人已经做过的内容，研究别人研究过的事情，就如同吃别人咀嚼过的馒头一样，不仅没滋没味，也失去了研究的价值，还会造成大量人力、物力资源的浪费。北方某个城市的海洋馆，开业许久了，依旧门可罗雀，一位教师的到来，让海洋馆从此生意兴隆，教师的秘诀只有几个字："儿童一律免费"。这位教师就是突破了人们的常规思维，从全新的角度进行商业操作，所以，实现了海洋馆起死回生的奇迹。那么，我们要到哪里去选题呢？

三、儿童行为观察选题的渠道

（一）从国家颁布的各种文件中选择问题

随着文化科学技术的发展和人民生活水平的日益提高，由于独生子女数量的增多和父母望子成龙、望女成凤心情的迫切。学前教育的发展越来越引起全社会的关注，为了促进学前教育健康稳定的发展，2001年教育部颁发了《幼儿园教育指导纲要（试行）》、2012年9月教育部颁发《3—6岁儿童学习与发展指南》。由此，全国掀起了学习《纲要》《指南》，深化幼儿园课程改革的高潮，对儿童行为进行观察与研究的课题应该与《纲要》和《指南》的学习结合起来，探索幼儿教育课程改革的新途径和新方法，如"幼儿园园本课程资源的开发""幼儿园探究性游戏活动的开展""幼儿园经典诵读活动的研究""幼儿园区角活动的过程研究"等都是在学习《纲要》和《指南》的过程中提出的研究问题、探索幼儿教育课程改革的新途径。

（二）从幼儿园日常教育实践中发现问题

学前教育的实践是教育研究问题的来源，日常教育、保育活动中存在大量的问题值得幼儿教师去思索、去研究。如"为什么莉莉小朋友上幼儿园时天天都要哭上一场"，而"贝贝小朋友总是欢天喜地来幼儿园"？"进餐的时候让孩子们自由说话好还是不说话好？""幼儿园的一日常规活动该如何优化？""如何根据幼儿园的个别差异开展艺术类教育活动？"这些问题都是与日常的教育实践紧密联系的，如果学前教育工作者能够研究好、解决好，势必能够促进日常教育工作的顺利开展。

（三）从学前教育、教学理论学习中探索课题

幼儿园的教育教学实践活动是在教育理论指导下进行的，理论与实践应密切相结合，只有在科学理论的指导下，幼儿教育的实践活动才能少走弯路、少犯错误。因此，应注重对理论的进一步学习和研究。如"如何提高儿童的注意力水平""怎么培养幼儿的创造性思维""家园合作、相互模式的探索""师幼互动体系的构建"等等，既是对学前教育理论的丰富，也可以有效地指导学前教育的具体实践。

（四）从学前教育改革发展的过程中寻找课题

当前我们学前教育正处于蓬勃发展的探索阶段，在改革与发展中存在着争议颇多、又亟待解决的问题。如果我们幼儿教师能够立足自身实践的优势，把这些问题研究好、解决好，那么，无论对自身的发展还是学前教育的发展都有重大的意义。如"关于学前儿童音乐教育"问题，有人认为儿童掌握一门乐器，无论对自身素质的提高，还是国民素质的提高都是有好处的，儿童应该学习一门乐器。而有人则认为儿童学习乐器，就是对快乐童年的剥夺，会牺牲孩子许多快乐时光，对孩子健康的影响较大。那么，到底谁是谁非呢？就值得我们进一步研究。

（五）从学前教育的科研规划中衍生课题

我国每年都以教育部为首，向各个省、市下发一系列的课题指南。如"国家各个部门的规划课题""各省规划办、科研办课题"，各种教育学会课题、各类市级课题等等。幼儿教师可以对这些课题进行思索和研究，从中发现适合自己的研究风格和幼儿园特色的课题作为研究内容。

学习拓展

2016年度全国教育科学规划国家重大和重点招标课题指南

重大招标课题

1. 我国教育2030年发展目标及推进战略研究
2. 全面普及高中阶段教育保障机制与推进策略研究
3. 高等教育强国的内涵、标准、实现路径和监测指标研究
4. 中国与OECD教育发展主要指标及发展趋势比较研究
5. 我国教育治理体系和治理能力现代化战略研究

重点招标课题

1. 人才培养模式的国际经验及改革研究
2. 社会变迁进程中青少年价值观的发展与影响机制研究
3. 义务教育学校标准化建设研究
4. 艺术教育综合改革研究
5. 学前教育中长期发展目标及推进策略研究
6. 职业教育现代化的内涵、标准、实现路径和监测指标研究
7. 特殊教育中长期发展目标及推进策略研究
8. 民族地区教育发展战略研究
9. 加快推进民办教育可持续发展战略研究
10. 国家学历资历框架研究
11. 世界一流大学和一流学科建设评价体系与推进战略研究
12. 教师队伍建设中长期战略目标及政策研究
13. 我国与发达国家的教育信息化比较和推进战略研究
14. 健全教育投入长效机制研究
15. 中国新时期教育改革30年(七五至十二五)反思性研究

四、儿童行为观察选题的步骤

对研究的问题有了初步的认识,无论是在实践中发现的问题、从理论中探索的问题,还是省市规划的研究问题,当我们初步确立了研究的问题以后就要对这一问题进行进一步分析和论证。分析和论证的步骤主要有以下几个方面:

(一) 搜集信息,确立研究问题

在初步圈定了课题的研究范围后,就要带着问题了解情况、广泛查阅资料,搜集关于课题的各方面信息。如果我们确立的是"儿童早期阅读训练模式"的研究,那我们就必须深入了解,别人在这方面研究的状况,如都采用过哪些研究方法?取得了哪些研究成果?以及还存在哪些问题等。了解这些情况,主要是避免在自己研究的过程中出现与别人重复的现象,避免重犯别人已经犯过的错误,避免造成人力、物力、时间等资源的浪费。

在搜集信息、占有充分资料的基础上,还要反复思考和分析,所选择的问题是不是具有研究价值,如果不值得研究,就需要当机立断,马上放弃,重新选择新的研究问题,如果值得研究,就着手进行下一步活动。随着思考和分析的日益深入、日益成熟,原本不成熟的想法逐渐成熟,不清楚的思路逐渐清晰,研究的决心也日益坚定,这时,研究的问题就基本上确定了,问题就成为观察研究的课题。

(二) 围绕课题,进行深入论证

当题目确立以后,要想把问题作为正式的课题进行研究,获得各级科研部门的批准,还要进行深入的项目论证。课题论证是指选题之后、开题之前,对所选课题及课题研究的初步设想进行可行性分析的过程。课题论证的内容包括：

课题研究的目的、意义；

课题研究的目标；

课题研究的基本内容；

课题研究的方法；

课题研究的国内外现状；

课题研究的步骤；

课题研究的成果形式；

课题研究的组织机构和人员分工；

课题研究的经费来源。

课题论证的基本内容要撰写成课题论证报告，通常论证报告的阐述包括如下十个部分。

1. 课题名称

课题名称就是课题的名字。给课题起名字要准确、规范。准确就是课题的名字要把课题研究的问题是什么、研究的对象是谁交代清楚，比如幼儿园的课题“幼儿入园适应性的观察研究”，这里面研究的对象是幼儿，研究的问题是入园适应，研究的主要方法是观察研究，这就说得很清楚，别人一看就知道这个课题是研究什么。比如，“儿童口语突破研究”这个名字，只看题目，无法看出研究的是什么问题，好像是语文，又似乎是英语，可能是幼儿园，又好像是小学，如果改为“幼儿园语言活动中口语突破方法研究”，就能够使人一目了然了。总之，课题的名字一定要和研究的内容相一致，大小适度，准确地把研究的对象、问题概括出来。

规范就是指所用的词语、句型要准确、科学，似是而非的词语、口号式、结论式的句型都不合适。要用严谨、准确的语言进行表述。如课题“培养儿童自主学习习惯，提高儿童的阅读效率”，这个题目如果是一篇经验性论文，或者是一个研究报告还可以，作为课题的名字，就不行，因为课题是我们要解决的问题，是正在探讨的、正在研究的问题，不能有结论性的表述。如果改为“培养儿童自主学习习惯，提高儿童阅读效率方式的研究”，就比较合适。

同时，还要注意，名字要简洁，不能太长。要简练、概括，能不要的字尽量不要，一般不超过 20 个字。

2. 课题的目的、意义

研究的目的、意义也就是研究的价值。一般情况下，可以先从现实需要方面论述，指出现实当中存在这样的问题，需要去研究，去解决，本课题的研究有什么实际作用。然后，再写出课题研究的理论和学术价值。要写得具体实际，有针对性，不能漫无边际地空喊口号。如果都写成“坚持以《3—6 岁儿童学习与发展指南》为指导”“实施素质教育”“提高幼儿园活动效率”等一般性的口号，就失去了课题自身的价值和特色。如幼儿园的王老师在她的课题“《指南》背景下儿童礼仪培养模式研究”中，对课题目的意义是这样论述的：“《3—6 岁儿童学习与发展指南》进一步明确了幼儿教育终身发展的理念。礼仪行为不仅反映个人的道德修养与文化素质，也能反映一个国家国民的素质，是关系到国格、人格的大事。随着我国‘一带一路’的迅速发展，大国形象，礼仪之邦的国际地位逐步形成，国际公共交往日益密切，决定了从小学好礼仪知识，培养礼仪习惯的重要性。”这样有针对性地阐述，就能清晰地彰显课题的研究价值，科学性、实用性也比较强地体现出来。

3. 课题研究的指导思想

所谓指导思想就是指课题在研究的过程中要坚持的研究方向，要符合的基本要求等，可以是习近平总书记的“中国梦”思想，也可以是国家颁布的教育发展规划、相关工作的指导性意见，还可以是儿童身心发展的基本规律……对于范围比较大，时间又很长的课题来说，要在总的方面，有一个比较明确的指导思想，就可以避免出现理论研究中的方向性的错误。例如，黑龙江省级重点课题“《3—6 岁儿童学习与发展指南》视野下的幼儿心理素质训练对策研究”，课题指导思想是这样写的：“儿童阶段正是人的一生中体质健康的奠基期、智力发展的关键期、健全人格的形成期，因而也是心理素质训练的最佳时期。学前教育要遵循幼儿身心发展规律，坚持科学保教方法，保障幼儿快乐健康成长。”

4. 课题研究的目标

课题研究的目标是课题最后要达到的具体目的，要解决的具体问题。研究目标要求明确、具体，表述清晰，不能模糊笼统。只有目标明确具体，才知道研究的具体方向，才能把握研究的重点，研究的思路才不会被各种因素干扰。

下面是“《3—6岁儿童学习与发展指南》视野下的幼儿心理素质训练对策研究”课题论证的研究目标：

① 指导幼师生培养的教育实践

通过研究，可将具体的研究成果直接运用于幼师生的教育和教学活动中，通过《学前心理学》《幼儿园活动设计》等课程的课堂教学活动，切实提高幼师生对儿童进行心理素质训练的技能和技巧。

② 提高幼儿教育日常保育和教育活动效果

通过幼儿教师有针对性地对幼儿进行教育和训练，切实提高幼儿的心理素质，从而更好地实现幼小衔接，使幼儿形成良好的心理素质，为素质教育的实现和儿童的全面发展奠定基础。

③ 提高幼儿教师的职业素质

通过幼儿教师对幼儿心理训练方法和策略的掌握，引导幼儿教师更加密切地关注幼儿的心理发展，更加有效地解决幼儿在身心发展过程中出现的各种问题，在对幼儿进行教育和引领的过程中，实现自我价值的提升和职业的可持续性发展。

④ 服务于提高家长的教育水平

通过对家长的引导和训练，可以帮助家长掌握对幼儿进行心理训练的措施和方法，帮助家长在家庭中有针对性地开展各种有益于心理素质提高的活动，家园互动，共同促进儿童的心理健康发展，为学前教育的发展和民族素质的提高做出贡献。

确立课题研究目标时，还要注意考虑课题本身的要求和课题组实际的工作条件与工作水平。

5. 课题研究的基本内容

课题研究目标确立后，就要根据目标，详细分解课题具体要研究的内容，相对研究目标来说，研究内容要更具体、更明确，并且一个目标可能要通过几个研究内容来实现，它们虽然不一定是一一对应的关系，但如果在确定研究内容的时候，考虑得不具体，写出来的研究内容就会笼统、模糊，就会使课题的研究工作失去具体的抓手。

6. 课题研究的国内外现状

课题研究的国内外现状，就是课题研究中搜集资料的过程。这部分撰写的要详细，要交代清楚课题目前的研究历史，即有没有人研究过？如果有，是谁进行的研究？进展得如何？取得过哪些成果？有没有失败的记录？如果没有人进行过研究，要谈清楚有没有类似或相关的课题研究。通过详细的说明，使课题研究的取向进一步明确，也使研究活动明确可以借鉴的理论和实践依据。

7. 课题研究的基本步骤

课题研究的步骤是课题研究在时间和顺序上的安排。要充分考虑研究内容的相互关系和难易程度，一般情况下，要先从基础问题开始着手，分阶段进行，每个阶段从什么时间开始，至什么时间结束，要做哪些具体工作都要有清晰的交代。

8. 课题研究的主要方法

虽然我们主要依靠观察法来对儿童的行为进行研究，但是，教育研究的方法还很多，除了观察法以外，还有历史研究法、调查研究法、实验研究法、比较研究法、理论研究法等，大课题往往需要多种方法协同进行，小课题也要注意借鉴其他方法。在选用方法时，一定要严格按照要求去做，不能随随便便，凭经验、常识主观臆断，比如，要通过调查法搜集资料，就要思考如何制定调查表，如何对数据进行分析，而不能随随便便发张表，胡乱编数据。

9. 课题研究的成果形式

课题研究的成果表现形式比较丰富，主要包括观察研究报告、论文、专著、软件、课件等形式。课题研究的类型不同，研究成果的内容、形式也不一样，但无论什么形式和内容，都必须有研究的成果，否则，课题就没有完成，当然也没有意义，也不会通过最后的验收和评审。

10. 课题研究的组织机构和人员分工

这主要是指课题组的参研人员，应该是课题研究涉及的各方面人员，如需要“能人”，这样的人善于沟通，人际关系好，他们的参与，可以使课题组得到更多的人力、物力的支持；还需要“高人”，这样的人站得高，看得远，对问题有较深的认识和较全的掌控，他们的参与，可以使课题的研究质量、研究水平得到提高；更需要“干活的人”的参与，他们在课题研究过程中不怕累、不怕苦，踏踏实实地工作，才能最后确保课题的完成。同时，课题组的分工必须明确合理，要让每个成员都了解自己的工作责任，不能吃大锅饭。在分工的基础上，也要经常召开课题组成员会议，交流课题进展的情况，相互出谋划策，体现全体成员的精诚合作意识，在共同研究、团结协作的基础上，才能解决课题研究中遇到的问题，克服课题研究过程中的各种困难，取得课题研究的最后胜利。

案例参考

牡丹江地区朝、汉儿童幼儿园环境适应行为的比较研究

一、课题名称及相关概念的界定

（一）幼儿园环境适应

至今对幼儿园环境适应尚无一公认的定义，所搜集文献内容也大多从作者个人的理解和兴趣出发对幼儿园环境适应进行概念界定，再选取不同的测量指标。根据以往的研究，幼儿园环境适应可包括人际关系适应、生活适应及学习适应。儿童在幼儿园的主要人际关系体现在两个方面：一方面是与同伴的互动，另一方面是与教师的关系；此外，儿童的生活适应，包括个人生活和集体生活，均在幼儿园环境适应的考量范围之内；由于学前教育这一阶段的特殊性，这里的学习适应并不是学业成就的考核，而更偏向是否形成良好的学习习惯。因此，本研究对幼儿园环境适应的概念界定是：3—6 岁的幼儿在生活、学习、人际关系等方面的适应情况及行为表现，具体包括入园生活适应、学习适应和同伴适应等。

（二）朝、汉儿童

本研究的朝鲜族儿童是指拥有中华人民共和国国籍的中国少数民族朝鲜族的 3—6 岁儿童，汉族儿童指民族为中华人民共和国主体民族汉族的 3—6 岁儿童。

二、课题研究的具体问题和范围

（一）研究的具体问题

牡丹江地区是黑龙江省朝鲜族散杂聚居区，开办的朝鲜族幼儿园具有一定的代表性。此外，以往研究往往以一个民族为个案，很少能够将朝鲜族与汉族进行比较研究。正是基于以上原因，本研究选取牡丹江地区，将 6 所朝鲜族、汉族幼儿园作为研究对象，以幼儿园环境适应行为为切入点，开展比较研究。丰富了黑龙江省民族幼儿教育领域的研究内容和成果，以期为后续研究起到抛砖引玉的作用。

（二）研究范围

本研究对象限定为 3—6 岁的幼儿，处于人生发展的起始阶段，这一时期的发展速度、水平，将为后续的发展起到奠基作用。而幼儿园作为学前教育的主要机构，对幼儿的体、智、德、美等诸方面的全面发展具有重要意义。

三、课题研究的目的与价值

（一）研究目的

本研究在查阅、分析相关文献及全面系统地了解牡丹江地区朝、汉儿童幼儿园环境适应情况的基础上，深入到牡丹江市区、海林、宁安等地3所朝鲜族、3所汉族幼儿园，开展实际调查及系统的比较研究，探寻存在的共性和差异性，发现不足与问题，在此基础上尝试提出解决问题的具体策略，从而为牡丹江地区朝、汉学前教育的发展提供现实依据。

（二）研究价值

1. 理论价值

关于朝鲜族幼儿园的研究多集中于以朝鲜族自治州、县，对散杂居区的研究不够深入，关于牡丹江市朝鲜族幼儿教育领域的研究文献更不多见。而我们把朝、汉两个民族进行比较研究，以心理学、教育学、人类学为视角，在一定程度上将丰富该领域的研究内容和视角，也希望能够引起各方面的关注，从而为后续研究提供借鉴。

2. 实践价值

（1）为牡丹江地区乃至全国的朝、汉儿童民族教学模式研究提供实践参考

黑龙江幼儿师范高等专科学校是黑龙江省乃至全国比较具有影响力的学前教育教学与研究机构，具有实力较强的科研骨干力量，有能力通过实践研究提出关于朝、汉儿童在幼儿园环境适应方面的具体教育、教学措施，从而对全国的朝鲜族幼儿园及朝汉融合的幼儿园提供实践参考。

（2）为解决幼儿的幼儿园环境适应问题提供实践方法

幼儿园环境适应不良对儿童的身心健康都会带来很大的影响，本课题的最终落脚点还是为幼儿对幼儿园各种环境的适应，提供研究得出结论，为儿童更好地适应幼儿园提供科学的指导，有助于儿童的健康成长。

（3）为幼儿家长提供更好的教育建议

儿童的幼儿园环境适应也是困扰家长的难题，尤其是朝鲜族儿童相关的资料非常匮乏，通过本课题的研究，旨在为家长，尤其是朝鲜族儿童的家长提供更好的理论指导和教育建议，势必会带来很好的社会价值。

四、课题研究的理论支撑

（一）多元智能理论

美国心理学家加德纳提出，全面的智力内涵不仅包括学术智力，还应该包括社会智能，而适度改变自己以适应环境要求的能力是社会智能的重要构成部分。我们赖以生存的自然环境和社会环境无时无刻不在发生着变化，个体只有调整自己去适应这些变化才能求得更好的生存与发展。

（二）皮亚杰认知发展理论

皮亚杰认为人类发展的本质是对环境的适应，这种适应是一个主动的过程。“不是环境塑造了儿童，而是儿童主动寻求了解环境”，在与环境的相互作用过程中，通过同化、顺应和平衡的过程，儿童的认知逐渐成熟起来。同化是指个体将外界信息纳入已有的认知结构的过程，但是有些信息与现存的认知结构不十分吻合，这时个体就要改变认知结构，这个过程即是顺应。平衡是一种心理状态，当个体已有的认知结构能够轻松地同化环境中的新经验时，就会感到平衡，否则就会感到失衡。心理状态的失衡驱使个体采取行动调整或改变现有的认知结构，以达到新的平衡。平衡是一个动态的过程，个体在平衡—失衡—新的平衡中，实现了认知的发展，对幼儿进行心理素质训练的目的就是为了唤醒幼儿对平衡的渴望，通过实现平衡的过程实现心理素质的提高。

（三）斯金纳强化理论

斯金纳认为人或动物为了达到某种目的，会采取一定的行为作用于环境。当这种行为的后果对他有利时，这种行为就会在以后重复出现；不利时，这种行为就减弱或消失。人们可以用这种正强化或负强化的办法来影响行为的后果，从而修正其行为。斯金纳的理论为幼儿某种预期的心理素质的出现提供了方法论的指导。

(四)格赛尔的成熟学说

格塞尔认为支配儿童心理发展的因素有两个:成熟和学习。他把发展看作是一个顺序模式的过程。这个模式是由机体成熟预先决定和表现的。环境因素起支持、影响和特定化作用,但是它们并不能产生基本的形式和个体发展的顺序。只有当结构与行为相适应的时候,学习才可能发生,因而个体的生理和心理的发展主要取决于个体的成熟水平。在格赛尔的学说中体现了他对儿童心理发展过程的尊重。

五、课题研究的创新点

(一)选题及研究视角的创新

通过文献分析,目前对幼儿园环境适应行为的研究并不多见,且多侧重单一视角,对某一个民族的幼儿进行研究。针对朝鲜族、汉族幼儿园环境适应行为的比较研究则更少。因此,本项目选题及研究视角有一定的创新性。

(二)研究内容的创新

本项目主要从生活、学习、人际三个方面对朝、汉两族幼儿的环境适应行为进行论述,可以完善黑龙江省3—6岁学前教育研究基地建设,丰富的案例集,有助于教师改进教学,提高课堂教学效果。

六、课题研究的预期结果与成果

(一)《朝汉儿童行为观察录》

(二)研究报告

(三)论文

七、课题研究的主要内容

本研究"幼儿园环境适应"主要从三个方面进行探讨,一是幼儿园生活适应,即个人生活和集体生活适应,例如:幼儿园入园焦虑、进餐困难、不愿午睡等行为表现;二是幼儿园学习适应,即从学习品质、行为习惯、兴趣爱好等维度进行分析,例如:幼儿意志品质、注意力分散、学习内容的难易程度、呈现方式、接受能力等行为差异性表现;三是幼儿园人际关系适应,即师幼关系、同伴关系以及亲子关系等对儿童发展起着至关重要作用的主要社会关系。通过对朝、汉不同民族儿童对幼儿园环境适应所表现出的不同行为,以心理学、教育学、人类学视角比较分析,找出共性和差异性,针对存在的问题或不足,提出建设性意见,从而引发幼儿教师对幼儿园环境适应的关注,采取适宜措施,引导幼儿顺利度过学前期,做好幼小衔接,为后续学习、发展奠定良好的基础。

具体内容如下:

1. 文献分析确定朝、汉儿童幼儿园环境适应相关研究指标及定义。

2. 调查了解朝、汉儿童幼儿园环境适应相关特征现状、幼儿环境适应不良的表现,并进行影响因素分析。

3. 探讨朝、汉儿童的幼儿园环境适应情况共性及差异性。

4. 提出朝、汉儿童的幼儿园环境适应策略和指导意见。

八、课题研究的主要方法

(一)观察法

通过对幼儿的系统观察,比较朝、汉两个民族的儿童在适应幼儿园的过程中的具体表现,通过对家长教育方式和养育方式的观察,发现儿童适应性行为差异的根本原因。

(二)调查法

在本研究中,研究者将运用《儿童行为问卷表》(CBQ)、《幼儿入园适应情况》和《儿童行为教师评价量表》等调查问卷进行实证研究,这样可以保证所得数据的客观性。

（三）比较研究法

本研究立足黑龙江省牡丹江市作为朝鲜族散杂聚居区，对朝鲜族、汉族幼儿的幼儿园环境适应行为进行比较研究，找出共性与差异，进而开展成因分析，以便提出建设性意见。

（四）访谈法

为了进一步了解朝、汉儿童的幼儿园环境适应情况，访谈法将作为本研究的辅助方法。随机访谈能让教师、家长在轻松的状态下自由表达自己的想法和感受，使收集到的资料更加的全面、系统。

九、课题研究进度安排与具体措施

（一）项目准备阶段（2016.09—2016.12）

1. 选题

一方面根据黑幼专2016校级课题文件精神，立足当地学前教育的具体特点；另一方面基于学前教育系开展的“三学”教师深入幼儿园进行教育顶岗实践活动所取得的成果和积累的相关经验。同时，整个项目组成员为这次选题，单独进行了研讨，集思广益，结合研究兴趣、项目的创新性、实用价值、推广度等几个方面综合思考，最终确定以牡丹江地区朝、汉儿童幼儿园环境适应行为的比较研究为题目。

2. 完善项目论证

确定研究题目后，利用“中国知网”“万方数据库”“维普网”“中国国家数字图书馆”等期刊网站，进行文献检索和搜集工作，进而整理分析，为本研究的顺利开展奠定了基础。

3. 制订实施方案

实施方案是研究得以实施的前提和基础，为了保证研究的持续性，能够有充足的时间开展全面调查，确定研究期限为2年，以便课题组成员多次深入朝鲜族、汉族幼儿园，系统、详细地观察幼儿行为表现，从心理学、教育学、社会学等学科角度给予适宜性分析与评价，对不同人群进行问卷调查，以获取客观、真实、准确的样本数据，利用SPSS.19.0统计软件进行统计分析，从而为撰写论文提供数据支撑。这一过程应包括项目实施前的准备——项目实施过程中查缺补漏——项目结题的各种材料总结，它是一个动态生成的过程，又是一个不断调整、更新的过程。具体安排如下：

① 撰写申请书、方案论证、制订并申请立项；

② 以项目组负责人为发起人，根据上学期所报的特色项目的阶段性成果，并立足学前教育系教师教育顶岗实践为契机，进行人员配置及具体分工；

③ 制订实施计划、研究各层面具体工作；

④ 落实项目组人员、分工。

本次课题组成员以研究生学历为儿童心理学中青年教师为主，同时选拔特色项目《儿童行为观察与分析》在研人员参与，不仅具有深厚的专业理论知识，而且对儿童行为的观察与分析已经具备一定的经验，这为本课题的实施提供了人力支持。我们根据成员的专业性质和业务能力进行了分工，并对项目组人员实施分层次的培训。

（二）项目实施阶段（2017.01—2017.12）

具体实施各项研究措施：深入各调查幼儿园观察追踪、调查问卷发放与回收、材料的整理、汇总资料：

1. 选择研究对象

朝鲜族幼儿园、汉族幼儿园，都是比较具有代表性的幼儿园，其基础设施、师资队伍、办园规模初具规模。

2. 确定研究方法

立足于教育人类学视角，开展全面调查，以比较研究法、调查法、统计法、观察法、文献分析法等方法，全面了解两个民族的幼儿对幼儿园环境适应行为的基本情况，为后续工作提供有力保障。

3. 深入各调查幼儿园观察追踪——以获取第一手、鲜活、详实的资料。

4. 调查问卷发放与回收——课题组成员必须以身作则，确保问卷的回收时效。

5. 定期检查各成员的工作情况，定期交流与总结，针对遇到的困难，及时解决。

6. 材料的整理——尽量要有一定的广度、深度，运用人类发展生态学理论为理论基础进行阐释。

7. 汇总资料：各个成员所收集的各方面的资料，往往比较零散，应汇总到一起，便于系统化的分析和比较。

（三）项目总结评估阶段(2018.01—2018.09)

分析、统计资料、解释结果，完成预期成果、总结结题，应用推广。

1. 统计数据与分析

团队成员大都是研究生学历，基本学过统计学和SPSS操作软件。

2. 解释结果、完成预期成果

以心理学理论为基础，对朝、汉儿童的幼儿园环境适应行为的情况比较研究，验证假设，针对存在的问题或不足，提出建设性意见，形成研究成果集。

3. 总结结题、应用推广

撰写结题报告，发表论文、行知观察录等为朝、汉两族幼儿园一线教师开展教学、进行环境创设、安排一日生活、组织各种活动提供有针对性的指导策略。

十、课题研究的组织与分工

负责人：罗＊＊

负责课题的整体管理工作，制定课题研究工作管理制度、学习制度等各项制度，负责课题组成员的理论培训工作，调研课题的开展情况。

成员：

张＊＊、张＊＊：组织进行课题经验交流，负责撰写课题的开题方案、研究方案及结题报告。

于＊＊、顿＊＊：负责协助本组课题研究资料的收集、分析整理，撰写课题研究性小结。

荣＊＊：参与课题调研，负责研究过程图片及资料的收集。

十一、课题研究的条件

（一）行政保障条件

黑龙江幼儿师范高等专科学校是一所集幼儿师范和普通师范教育于一体，面向全国培养学前和小学教育师资的专科学校，在黑龙江省乃至全国比较具有影响力，与牡丹江及周边地区的幼儿园有长期的合作关系，也具有比较强的影响力和号召力，能够获得广大幼儿园的支持和配合。

（二）地域资源条件

牡丹江地区是黑龙江省朝鲜族散居地区，有数量可观的朝鲜族小区和乡镇、村屯，为更好地获得朝鲜族信息提供了研究的保障。

（三）物质保障条件

我校及牡丹江地区有藏书量丰富的图书馆，另外学校购置的中文期刊网，为科研过程中资料的搜集提供了强有力的物质保障。

（四）人员保障条件

在《儿童行为观察与分析》这一特色项目的基础上：参与人员也是本研究的课题组成员，积累了一定的儿童行为观察与分析的能力，立足《学前心理学》学科特点，从而为项目的实施提供了保障。

项目主持人多年从事学前心理学教学工作，先后在核心、国家及省级期刊发表10余篇论文，并且主持或参与过多项省、国家级课题，同时担任大学生科研训练项目的指导教师，其教学经验非常丰富，科研能力较强。此次参与本课题研究的成员，形成了以老带新的团队结构，年轻教师大都为研究生学历，具备一定的科研能力和写作能力，也为研究奠定了科研基础。

我校作为"黑龙江省0—6岁学前教育"基地，重视科研工作，项目组成员3人为基地成员，参与过基地的调研工作，也为设计调查问卷、实施调查、统计分析等工作积累了一定经验。

（五）实践保障条件

以2014—2015第二学期进行教育顶岗实践活动为契机：课题组成员深入幼儿园教学一线，进行为期半年的教育顶岗实践活动，收集了丰富的、一手的、详实的资料，形成了4期《行知观察录》，为本次研究奠定了基础。

（六）理论基础条件

以人类发展生态学理论作为我们研究的理论基础，选择牡丹江地区为研究对象，可以发挥黑幼专的辐射作用，充分考虑到了牡丹江地区的地域文化、民族特点，以朝鲜族与汉族为例，进行比较研究，既符合我校科研方向，又迎合了当下研究发展的趋势。

十二、课题研究经费预算

自筹经费金额（万元）	按　年　度	
	2017	1.0万元
	2018	1.0万元
预算支出科目	金额（万元）	计算根据及理由
1. 调研差旅费	0.5万元	到相关单位调研获得第一手资料和直接经验
2. 实验材料费	0.3万元	用于必备的实验材料的购买
3. 资　料　费	0.5万元	购买相关的文献资料
4. 实　验　费	0.3万元	进行试验研究的相关消费
5. 仪　器　费	0.2万元	简单的录播设备
6. 协　作　费	0.2万元	用于沟通协作的实际需要

第三节　儿童行为观察研究的基本类型

观察是学前教育研究领域最常用的、最基本的方法，观察法有不同的类型，在具体的研究过程中，研究者可以根据实际情况进行选择。儿童行为观察与研究的具体类型，从不同的角度可以有不同的划分方法，下面将逐一介绍。

一、自然观察

（一）基本含义

自然观察：是在自然状态的条件下，研究人员对被观察的儿童行为不进行任何暗示和控制，自然而然地观察儿童行为表现的方法。对儿童早期的行为表现，多采用这个方法，因为儿童早期理解能力、听说能力都比较弱，而且由于年龄较小，对外界关注不够，也不容易受到教育者和观察者的影响，所以，对他们行为的观察多属于自然观察。如对儿童依恋类型的观察，在亲子活动中，有的孩子在老师的引导下，很快就能离开妈妈的怀抱，参加活动；有的孩子就需要妈妈和老师做很多工作；还有的孩子，无论怎样做工作都不能离开妈妈的怀抱，这些亲子类型的不同表现，就是在自然情况下进行观察的，属于自然观察法的典型运用。

(二) 主要特点

观察的类型有许多，但自然观察是基础，只有在自然的情况下，才能捕捉到儿童行为最基本的、最常态的反映。因此，自然观察是儿童行为观察的基础，儿童行为观察的最终目的，也是为了获得儿童最自然、最本质的行为表现，所以，自然观察法是无论什么时候都不能被取代的观察与研究的方法。

同时，由于自然观察是在自然状态下进行的，无需对儿童的行为进行人为的干预和控制，获得的信息是接近于原始的、本质的，因而简化了操作的具体步骤，使儿童行为观察这一研究活动变得更加简便易行。

当然，任何方法都不是十全十美的，自然观察由于是在自然状态下进行的，常会被偶然出现的突发事件干扰，使观察的过程受到影响，出现半途而废的情况。也可能会由于在自然环境中进行，难以对可能存在的各种无关因素进行控制，使观察结果存在一定的表面性、片面性和偶然性。

(三) 实施途径

自然观察常见的途径有以下三种。

1. 访问、参观

通过到幼儿园或家庭访问或参观，观察儿童的行为表现；如观察核心结构的家庭模式与联合结构的家庭模式中儿童自我意识的发展水平的差异等。

2. 听课

在深入幼儿园的听课活动中，可以了解幼儿教师在课堂上教学方法的使用情况，教学技能的掌握情况，以及对课堂活动的驾驭能力，各种活动的效果等。也了解了儿童在各项活动中的行为表现。如观察不同年龄阶段儿童在认知活动中，注意力集中时间的差异等。

3. 参加各类活动

可以通过参加联欢会、亲子游戏、体育、音乐等活动，在活动中观察儿童各项技能掌握的情况，同伴的关系状况以及某些心理品质的发展水平等。

(四) 实施步骤

实施自然观察，首先要确定观察的问题，明确观察的具体内容，即要通过观察者的观察活动，解决什么问题，获得什么结果。然后，要制定观察的计划。为了保证观察研究取得良好的效果，就要确定观察的具体对象、观察的范围、观察的内容、观察进行的时间频率，确定观察所采用的方式等(参见第二章，观察计划的撰写)。还要设计观察的提纲。虽然自然观察法有较大的灵活性，但在确定了观察问题，制定了观察计划以后，也要编制可操作的观察提纲，以便使观察的内容更加清晰，从而提高执行的效率。在制定观察提纲时，可以事先拟定需要观察的具体内容，基本步骤，然后遵循可行性的原则，对这些内容再进一步分类，使观察活动进一步细化，但要注意，提纲的制定要有一定的灵活性，以便随时根据情况的变化进行调整，一般情况下，观察提纲主要包括以下内容：

观察对象：观察谁？

观察内容：观察观察对象的哪些行为？

观察时间：什么时间进行观察？

观察地点：到哪里去观察？

观察的方法和手段：需要借助什么仪器设备？

观察的基本步骤：需要做哪些准备工作？分几个阶段完成？

案例参考

幼儿园小学模式教育现状调查及对策研究观察提纲

一、观察时间

分学期初、学期中和学期末3次，深入幼儿园观察。

二、观察地点

1. 金鼎幼儿园
2. 附属幼儿园
3. 实验幼儿园

三、观察对象

1. 学生

观察年级：小班、中班、大班、学前班

观察场所：(1) 课堂；(2) 课外活动

2. 教师

观察任课年级：小班、中班、大班、学前班

观察场所：(1) 课堂；(2) 课外活动

3. 家长

接送孩子时的行为表现

四、观察内容

1. 课堂(看是否创设了适合幼儿发展的学习环境——学习环境的构设传达给幼儿一种信息，告诉他们可做什么，不可做什么)

(1) 硬环境——教师的设计与布置、桌椅的摆放、幼儿活动材料的摆放、活动区的设置。

(2) 软环境——课堂的学习与活动的气氛。是否创设了有序的环境；是否创设了民主宽松的情境；气氛是积极活泼的，还是压抑个性的？

(3) 课堂模式与组织形式——模式：单纯的学科课程学习、实践、游戏；形式：集体、小组、个别活动；课堂场地：室内、室外。

(4) 师生间的互动情况。

(5) 教材的使用。

(6) 时间的分配：老师教的时间，学生活动、实践的时间，师生互动的时间。

2. 教师

(1) 教学模式：目标模式、过程模式。

(2) 课堂教学目标在具体教学中的作用：控制、束缚、引导。

(3) 教学方式：是注重教学目标实现的满堂灌还是注重幼儿学习过程的互动交流。(观察教学方法是否是单纯的传授型，重视学习结果而忽视学习过程)

(4) 教师角色：课程的执行者、领导者还是观察者、支持者、合作者。(观察课堂中的师生关系)

(5) 教师的教学态度：耐心的还是不耐烦的。

(6) 教师的教学内容的设计。

(7) 教师对课堂纪律的管理措施。(教师在课堂上对纪律的强调情况)

(8) 教学调控手段：是易操作的目标控制，还是难把握的过程中的教育价值观。

(9) 在课堂中对幼儿的态度：礼貌的、友善的、鼓励的，还是要求的、威胁的、粗鲁的、责骂的、惩罚的、专制的、武断的。

(10) 教师的师德修养：是否热爱学生，是否平等公正地对待学生、是否尊重学生的自主人格，是否充分考虑幼儿的接受水平与情感需要，是否充分尊重了幼儿的权利——活动、发言，是否能很好地控制自己的情绪。

(11) 是否关注了学生的个性化差异，对学生给予个别化教学。

(12) 教师是否有布置作业，作业的量与难度的情况如何。

(13) 教师在游戏中的行为：教师设计游戏的吸引力和新颖程度，教师在游戏中的角色扮演，与学生的互动情况，以及教师在游戏中的态度等方面。

3. 学生

(1) 学生的角色：主动的参与者，被动的接受者。

(2) 学生的学习态度：积极的、消极的、喜欢、厌倦，对学习的内容是否感兴趣。

(3) 学生的学习状态：压抑的被动地接受知识，与被动的活动；自由的想象、创造、探索。

(4) 学生遵守纪律的情况：自觉遵守纪律，课堂违纪现象多，或很勉强地遵守纪律。

(5) 学生的精神面貌：积极主动；懒于思考，唯唯诺诺。

(6) 学生的能力：A 学习能力；B 沟通能力；C 自控能力。

(7) 学生对知识的领悟情况。

(8) 学生的总体的个性品质：活泼的、开朗的、自信的；内向的、自闭的、自卑的。

(9) 学生的课堂情绪：紧张的、充满压力的；自主、活泼的。

(10) 学生在游戏中的行为：学生对游戏感兴趣的程度，学生游戏的参与程度，师生间的互动情况，学生在游戏中的态度与情绪，学生间的合作与沟通情况。

4. 家长

主要观察家长在接送孩子时对孩子和老师的询问内容和相应的言谈举止。

五、观察方法

(1) 直接观察法。

(2) 非参与性观察法。

六、观察手段

1. 得观察资料的手段——通过人的感官观察。

2. 存观察资料的手段：

A 人脑；B 文字记录；C 录影录音。

七、记录的内容和方法

按照我们的观察指标和内容进行记录，并在观察的过程中及时记录与课题研究相关的其他信息。

八、研究人员的任务分工

在课堂上，一位同学观察同学，一位同学观察老师，并做相应的记录。

二、直接观察

(一) 基本含义

直接观察又叫参与性观察，是指观察者深入到儿童中间，在儿童的各项活动中扮演一定的角色，儿童也把观察者当作其中的一员，以一定的态度和行为与观察者发生联系，而观察者利用这种条件来深入了解儿童行为的状况，获得有价值的第一手资料。例如：××对大熊猫的研究，常与大熊猫生活在一起，终于获得了大熊猫的生活习性的第一手资料，使大熊猫的人工培育和养育取得了开拓性的进展，获得了挽救濒临灭绝的大熊猫的第一手资料。再如，陶行知先生原名知行，因其更注重行为的作用，更名

为行知，他创办了行知学校，通过天天与孩子们生活在一起，获得了宝贵的教育信息。

（二）主要特点

1. 信息获得方便及时：由于观察者实际参与其中，可以及时捕捉信息，第一时间获得观察的信息。

2. 信息采集比较准确：由于是观察者的亲耳所闻、亲眼所见，减少了许多中间环节，因而获得的材料更具有准确性、直接性和系统性。

3. 观察要求较高：由于实地进行，各种信息转瞬即逝，因而观察者必须时刻保持清醒的头脑，保持敏锐的观察触角，防止被观察对象同化，忘却了对信息的捕捉和搜集。

实施途径和实施步骤同自然观察。

三、间接观察

（一）基本含义

由于自然观察要受观察条件（如时间不允许、空间距离远等）的限制，观察活动的进行往往受到影响，同时随着科学技术的飞速发展，各种智能仪器设备大规模地走入了幼儿园的教育、教学活动中，因此，观察活动也可以借助于仪器设备，尤其是人工智能进行，我们把借助于仪器设备进行的观察，叫做间接观察。如当下的幼儿园许多班级中都安上了摄像头，幼儿园的领导和家长可以借助于互联网平台，通过电脑或手机，时时关注教师或儿童在幼儿园的生活或学习情况。

（二）主要特点

仪器设备的使用突破了观察时间和空间的限制，大大提高了观察的广度、深度和精确程度，把人力所不能及的信息的获得变为了现实，也能够在一定程度上减少对活动本身的干扰，提高观察的准确性。但仪器设备的出现也可能会影响儿童或教师的情绪及行为表现，使观察难以获得真实的结果。而且，由于仪器设备本身需要一定的成本，使用者也必须经过预先的培训，掌握设备的操作要领，并做好充分的准备，才能开展正常的观察活动。否则，由于仪器设备使用的不当或性能不好，也会直接给儿童行为观察工作带来一定的误差。

（三）常见的途径

录音、摄像、特殊的测验器材等。

（四）实施步骤

1. 确定观察的目标

当确定了要采用观察法进行观察活动后，就要制定观察的目的和目标，即要通过观察活动，干什么？怎么干？达到一个什么样的标准？

2. 做好准备

间接观察是借助于仪器设备进行的，开始观察活动之前就要根据观察的目的和任务选择观察活动要使用的仪器设备。不同的仪器设备，观察的具体策略和方法是不同的。所以，要对观察活动中用到的仪器设备进行选择，对仪器设备的性能、适用场合，操作要领等做到心中有数并熟练掌握，同时在选择和使用的过程中遵守实用性、简便性、节约性、安全性等原则。

3. 制定计划

在选择好观察的仪器设备后，为了确保观察活动的效果，就需要制定详细的观察计划，即怎样开展观察活动？什么时候使用仪器设备？设备如何出现？注意哪些安全问题？如何处理断电、设备故障等意外事件？对这些问题要有详细的部署和安排，才能保障观察活动的顺利进行。

4. 撰写观察提纲

为了观察活动的顺利进行，要撰写具体的观察提纲，以便促进间接观察活动有条不紊地进行。间接观察提纲主要包括如下内容：

到哪里去观察？用什么仪器进行观察？观察谁的活动？要观察哪些内容？观察多长时间？

5. 做好观察的准备

主要包括：调试仪器、设备；进入观察现场安装仪器、设备；让儿童熟悉观察仪器、设备。以免在观察的活动中引起儿童的注意力分散。

6. 实地进行观察

及时调整观察的角度保证观察的效果；做好观察活动的记录。

整理观察资料：同自然观察法。

四、结构观察

(一) 基本含义

结构观察是研究者按照事先设计好的严密计划而实施的观察，结构观察有较完备的观察设计，包括：

明确的观察对象(如随机选取的、有代表性的儿童、教师或行为)；

逻辑严密的观察内容；

具体详细的观察顺序和步骤；

操作性较强的观察记录方案和记录工具；

完备科学的统计方法等。

有的结构性观察还须采用实验法的技术和设备，在对某种情境因素进行人为控制的情况下，系统观察儿童的行为表现，从而揭示儿童的某种行为表现与情境因素之间所存在的内在关系，例如，为了研究男女不同性别的儿童入园适应期的长短，需要事先设计周密的观察方案；选择好观察的对象(可从不同家庭类型中抽样选择)；确定观察的内容和时间；安排好观察的具体步骤；开展具体的观察活动。

(二) 主要特点

由于结构观察活动的每个具体步骤，都经过了详细的分析和周密的安排，因此观察活动比较严密，操作起来能够得心应手，可以在较短的时间内，获得大量需要的信息。而且观察的结果也便于进行定量处理和对比分析。但是，由于结构性观察要求结构严谨，计划周密，所以，对前期的准备工作要求较高，又由于观察的过程必须严格按照步骤执行，又使得观察的过程呆板，缺乏灵活性。

(三) 实施步骤

1. 明确观察目标和方案

观察目标和方案的制定是结构性观察活动中重要的环节，方案制定好了就会为整个观察研究活动奠定基础，因此，目标方案阶段，观察者一定要对整个观察研究的活动进行全方位的分析和把握。

2. 对观察活动的技术和方法做详细说明

如，需要事先设计严密的记录表格；确立对资料进行准确分类、记录、编码的方式；对数据进行统计的方法等。

五、抽样观察

(一) 基本含义

抽取一部分观察对象或一定时间，进行观察的活动方式叫做抽样观察。在对儿童行为进行观察研究的过程中，由于受观察对象的数量过于庞大，观察时间过于漫长等因素的影响，使观察活动不能把所有的观察对象或观察时间都囊括，就需要采用抽样观察。如："观察儿童攻击行为发生的概率"，不可能对全国的儿童都实施观察，就只能从城市、农村不同的社会背景和联合家庭、核心家庭、骨干家庭以及单亲家庭的家庭背景的儿童群体中，分别抽取一部分进行观察；同时也不一定能对这些孩子的每个年龄段都进行观察，而是选取某个或某几个年龄阶段作为研究的时间段。这就是研究对象抽样和时间抽样观察。

(二) 主要特点

由于进行了抽样，使庞大的研究活动变得简便可行，节省了大量的时间、人力、物力和财力，使许多不可行或难以进行的研究活动也可以操作。如"亚太地区儿童智力发展量表"的修订，不可能把亚太地区儿童智力发展的数据都采集到，研究者就对发达地区、中等发达地区、不发达地区的城市、乡村，民办、公办幼儿园，这几个层次进行了抽样，每一层次都选择一定数量的儿童参加测试，从而获得了比较有说服力的数据。

但是，由于需要进行抽样，所抽取的研究对象的样本和研究时间的样本，必须能够代表研究总体对象，否则研究结果出现的误差就会大，使研究结果失去参考的价值，如只以“黑龙江省3岁幼儿”为样本研究了儿童的入园率，就说“我国目前儿童接受学前教育的比率达到了某个水平了”，这就不能获得准确的研究数据。所以，抽样研究毕竟不是对全体研究对象和所有时间段进行的研究，研究的结论相对于总体来说可能会存在一定的差距。

（三）实施要求

抽样观察的关键体现在对研究样本的抽取上。

1. 抽样的含义

所谓抽样：就是按照一定的标准，从总体中抽取一定的研究对象或研究时间作为研究样本的过程。抽样的标准要具有确定性，即每次抽样或在不同层次的对象中抽样都要按照这一个标准进行。如调查儿童的入园率，在北京抽样的儿童年龄是3岁，在黑龙江的抽样年龄是4岁，这就会出现样本的偏差。抽取的研究对象要具有代表性，是说不能只从某一个活动领域内抽取研究的对象，所抽取的研究对象必须能够代表研究的整体，即整体所具有的特性，研究的样本也必须具有。样本数量要有保证，要使抽样具有充分的代表性，样本必须有足够的数量，否则就会影响研究结果的可靠性。如为了研究儿童的入园率，我们从北京、上海、哈尔滨、新疆、牡丹江、黑河等地各抽取20名儿童，由于20名儿童的数量过少，也可能这20名儿童中存在着特殊的现象，研究的结果就不具有较强的说服力。

2. 抽样的方法

抽样的方法主要有下面四种。

(1) 简单随机抽样：设一个总体的个体数为N。如果通过逐个抽取的方法从中抽取一个样本，且每次抽取时每个个体被抽到的概率相等，就称这样的抽样方式为简单随机抽样。用简单随机抽样法从含有N个个体的总体抽取一个容量为n的样本时，每次抽取一个个体时任一个体被抽到的概率为1/N，整个抽样过程中各个个体被抽到的概率为n/N。

简单随机抽样的特点是，逐个抽取，且每个个体被抽到的概率相等，体现了抽样的客观性与公平性，是其他更复杂抽样方法的基础。

(2) 抽签法：先将总体中的所有个体（共有N个）编号（号码可从1到N），并把号码写在规格相同的号签上（号签可用小球、卡片、纸条等制作），然后将这些号签放在同一个工具里，晃动均匀，抽签时每次从中抽一个号签，连续抽取n次，就得到一个容量为n的样本。这种方法适用于总体个体数不多的研究对象，它的优点是简便易行。

(3) 系统抽样：当总体中的个体数较多时，可将总体分成均匀的几个部分，然后按预先定出的规则，从每一部分抽取一个个体，从而得到需要的样本，这种抽样叫做系统抽样。

系统抽样的操作要注意：

① 采用随机的方式将总体中的个体进行编号，为简便起见，有时可直接采用个体所带有的号码，如幼儿的学籍号、户口本等。

② 将整个的编号分段（即分成几个部分），要确定分段的间隔k，当N/n是整数时（N为总体中的个体的个数，n为样本容量），k=N/n；当N/n不是整数时，要从总体中除去一些个体，使剩下的总体个数能被n整除。

③ 给在第一段用简单随机抽样确定起始的个体编号L。

④ 按照事先确定的规则抽取样本（通常是将L加上间隔k，得到第2个编号L+k，第3个编号L+2k，这样继续下去，直到获取整个样本）。

系统抽样适用于总体中的个体数较多的情况。与简单随机抽样一样，系统抽样也是等概率抽样，是比较客观、公平的。

总体中的个体数恰好能被样本容量整除时，可用它们的比值作为系统抽样的间隔；当总体中的个体数不能被样本容量整除时，可用简单随机抽样先从总体中剔除少量个体，使剩下的个体数能被样本容量整除再进行系统抽样。

(4) 分层抽样：当已知总体由差异明显的几部分组成时，为了使样本更充分地反映总体的情况，常将总体分成几部分，然后按照各部分所占的比例进行抽样，这种抽样叫做分层抽样。

六、跟踪观察

(一) 基本含义

跟踪观察是指对儿童进行不间断的、反复观察的方法，强调观察活动的持续性，目的在于通过观察，清楚地了解和掌握儿童某种活动现象发生和发展的全过程。如，被誉为“中国现代儿童教育之父”的陈鹤琴先生，把自己的儿子当做“实验对象”，深入观察808天，记录了儿子成长过程的每个变化，积累了十余本文字资料，把研究心得编成讲义，在课堂上开设儿童心理学课，并撰写成《儿童心理之研究》，成为中国第一本儿童心理学研究的专著。

(二) 主要特点

1. 观察时间的持久性

跟踪观察是长期的观察，不是一天或几天就能够解决的，因而研究的活动具有持续时间长的特点。

2. 观察结论的可靠性

由于观察的时间比较长，因而，一些信息可以反复地进行比对和搜集，观察研究活动过程中的偶然性、片面性等因素就可以得到有效地控制和分析，使研究结果的可靠程度更高。

3. 观察过程的艰巨性

由于跟踪观察活动不是一蹴而就的，观察活动不可能在短时间内完成，需要有一个长期跟踪的过程。因而，在时间、人力、物力上的投入较多，观察研究过程的复杂性和艰巨性也很高。同时由于需要进行跟踪观察的时间比较长，随着时间的推移，观察对象本身也会出现各方面的变化，可能给观察活动带来许多困难。

(三) 实施步骤

1. 明确观察活动的目的、任务

根据课题研究的需要，提出明确的观察目的和任务。

2. 选择观察对象

通过比较和分析，选择需要进行长期跟踪观察的研究对象，并明确需要观察的具体行为表现。观察的对象可以是某类群体、也可以是某个个体，还可以是某种行为。如课题《汉朝儿童入园适应行为的研究》，研究对象就是汉族儿童和朝鲜族儿童的适应性行为。

3. 撰写观察研究的论证方案

由于观察活动持续的时间比较长，所需要的人力、物力和时间也比较多，因而需要在实施观察活动前，对研究的主客观条件进行深入的分析和论证，以确定观察活动的可行性，从而防止由于计划不够周密造成的时间、人力、物力的损失。

4. 制定观察研究计划

由于跟踪观察持续的时间比较长，制定研究计划应充分考虑长期性和阶段性相结合。

长期研究计划是对整个观察研究活动自始至终地统筹设计和安排。需要考虑研究的总体时间长度和总体任务；在整体时间段内各个时间段的划分；每个具体时间段要完成的基本任务；采用的方式和方法；需要注意的事项以及解决的措施等。长期计划要高瞻远瞩，并具有一定的灵活性，可根据进展的情况不断的进行调整。

阶段性计划是在长期观察计划的指导下进行的，阶段计划的顺利完成是长期计划实现的保证，阶段计划要具体、可行、方便操作。长期计划和阶段计划应该相辅相成、互相照应。

5. 开展观察研究活动

按照研究计划，逐步实施观察研究活动，观察研究过程中要注意：研究资料的搜集要分门别类，详细具体，要保存妥当，避免丢失或遗漏。当然，在研究的过程中，研究计划与研究活动也不可能是完全一致的，随着研究活动的进展会出现各种各样的意外情况，因此，研究活动要结合具体的研究情况，不断调整，以利于研究活动的正常开展。

6. 得出研究结论

通过观察研究，对所搜集的研究材料进行整理分析，经过比较、分析、综合，去粗存精，去伪存真，并进行充分的论证，从而得出研究的结论。

【本章习题】

1. 观察法有哪些优点与不足?
2. 列举观察法应该遵循的基本原则。
3. 你认为儿童的哪些行为适合用观察法进行研究?
4. 列举身边可以做为题目进行观察研究的现象。
5. 观察题目的来源有哪些?
6. 选题要遵循什么原则?
7. 简述儿童行为观察的基本类型。
8. 试编写一份以“同桌”为对象的观察提纲。
9. 试以“对小班幼儿偏食现象的观察”为题目撰写一份开题报告。

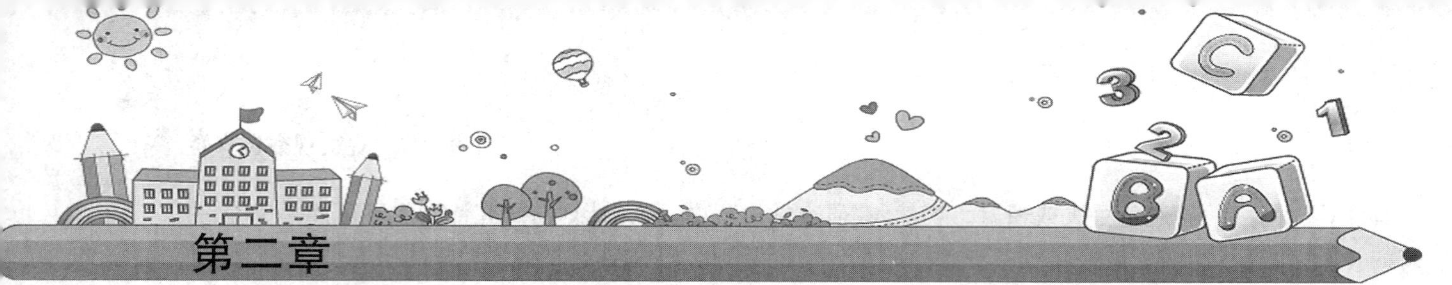

第二章

观察的准备

学习目标

1. 认知：了解观察计划的基本含义、特点；明确儿童行为观察计划的具体内容；掌握观察提纲的撰写要求，明确观察方法。

2. 技能：能够制定、撰写合格的观察计划；能够按照科学的要求撰写观察提纲。

3. 情感：进一步加深对观察活动的认识，树立科学观察的研究精神。

经典导学

皮亚杰认为年幼儿童的思维受直接知觉的影响，以单维的方式认知事物，这个结论是从大量的守恒实验中得出的。① 数量守恒实验。皮亚杰将7个鸡蛋与7个玻璃杯一一对应地排列，问年幼儿童鸡蛋和杯子是否一样多，儿童回答“一样多”。然后，当面将杯子间距离拉开，使杯子的排列在空间上延长，这时儿童认为杯子比鸡蛋多，表现为数量不守恒。② 质量守恒实验。皮亚杰把一团橡皮泥先搓成圆球形，然后当着儿童的面将圆球形搓成“香肠”，问儿童圆球和香肠哪一个橡皮泥多。一部分儿童认为圆球的多，因为圆球大，而另一部分儿童认为香肠的多，因为它长，表现为质量不守恒。③ 容积守恒实验。将一玻璃杯盛满水，然后当着儿童的面将水倒入一个细高的量筒内，问儿童哪个里面的水多。一部分儿童认为量筒里的水多，因为它水面高；一部分儿童认为杯子里的水多，因为杯子比量筒粗，表现为容积不守恒。此外，年幼儿童还表现出对重量、面积、体积、长度的不守恒。实验表明，当物体量的表现形式改变后，年幼儿童就认为数量变化了，表现出不守恒现象。伟大的儿童心理学家皮亚杰正是通过一系列经过完整设计的观察法对儿童进行观察，从而发现儿童认知发展的基本特点和规律，为学前教育的发展做出了突出的贡献。

当我们明确了观察的目的和意义、选择了观察的题目、确立了观察的类型之后，就要着手进一步实施观察活动了。科学的观察活动不是随便看一看，感知一下，而是要通过一系列科学的计划和实施活动，得出一定的结论，或者为幼儿教育的科学研究奠定基础，或者对科学的幼儿教育提供建议。所以，在开始观察之前，观察者需要先做一些必要的准备工作，包括：制定观察计划、编写观察提纲，选择观察方法等。只有做好了充分的准备工作，观察才会取得完满的效果。

第一节 观察计划的制定

一、观察计划的含义

计划是指组织以及组织内不同部门和不同成员，用文字和指标等形式所表述出来的在未来一定时期内关于行动方向、内容和方式安排的管理事件。做计划的根本目的，在于保证目标的实现。所谓观察计划，即观察者在正式开展观察之前用文字和指标等形式表述的关于整个观察工作的具体设想与安排，它初步规定了观察的工作框架，明确了观察的目标、对象、地点及观察的准备工作等。有了观察计划，观察就有了基本思路。

二、观察计划的结构

(一) 观察目的

观察目的是指对将要观察什么和完成什么的表述，是观察的全部意图。儿童在一日生活中的行为十分复杂，从事不同的活动都会有不同的行为表现，并且随着儿童心理的发展及环境的变化，不同的时间和环境中表现出来的行为也具有差异。观察者不可能对儿童行为的所有方面全部感知。因此，在对儿童行为进行观察之前，如果观察者不清楚自己到底是要观察儿童的哪些方面，那么所感知的信息便会因为没有“重点方向”而显得零落散乱，也就不能通过观察得到行为整体的意义。因此，观察要首先明确观察目的。

观察目的的确定，可以使观察者避免过多记录无关现象，遗漏重要部分。观察目的可以是观察各个不同年龄阶段儿童的行为，也可以是了解儿童在特殊情境中的表现等。这些观察的结果信息，都可以帮助教师做出合理判断，以便进一步调整自己的教育行为。

观察的目的决定了观察接下来的一切工作，包括确定观察对象、观察时间、观察地点、记录方法及分析方式等。

观察目的：观察并记录一名 5 岁儿童在集体游戏中表现出的领导能力。

观察目的：观察 2 岁儿童乐乐首次与人分享玩具的情境。

观察目的：观察带班教师与一位 4 岁儿童的交流。

观察目的比较宽泛，揭示观察者想要了解儿童哪一方面的发展和变化。具体来说，观察目的就是想要弄清我们想要观察的是什么，想要了解学前儿童的哪些行为表现，想要通过观察实现什么，以及通过对儿童状况的了解而间接了解教师保教工作，也可以对班级集体行为进行分析等，不同的观察目的带来不同的主题、内容、观察方法。在实施观察之前，要将观察目的转化为具体可操作的问题。根据这些具体可操作的问题，观察者才可以设计本次观察的计划和提纲。

(二) 观察对象

在幼儿园一日生活中，教师可根据自己的专业知识和经验来处理儿童的各种状况和问题。大多数时候儿童的行为表现不是太复杂时，不需要教师的特别关注。但是，也有一些在儿童身上出现的情况，根据教师的专业知识及经验无法做出判断，此时便需要进行有计划的正式观察，这些无法让教师做出判断的儿童便是观察对象。

观察对象必须在幼儿园众多的保教对象中被首先明确界定出来，这样才能使观察者资料收集的重点集中于这个对象，而不至于太扩散。观察对象是一群人还是一个人，是根据观察目的来界定的。如果想要了解的事实只是个别的现象，那么观察对象就是某一个人，但有时在班级中所发生的事情是团体的现象，是大多数孩子都可能具有的问题，这时所要观察的对象就不只一个，而是一群人，即团体。

(三) 观察的时间地点

观察时间和地点的确定是与观察目的及内容息息相关的。如果是观察儿童的游戏行为，地点当然是在游戏室或游戏场中，时间则为幼儿正在进行游戏时，也可以注明具体的时间段，如几点到几点。如果是观察儿童的自由活动行为，就应该在空间比较大的地方，选择幼儿自由活动时间。

（四）观察的准备

1. 知识储备

观察法作为一种科学的研究方法，若想借助其收集到儿童的有效行为信息，观察者就必须首先掌握系统的儿童发展知识以及观察法的相关知识，如此才能有的放矢，有目的、有计划地开展科学的观察，收集到有效的、详实的儿童行为资料。

儿童发展知识主要是关于儿童身心发展规律的常识性知识。具体到学科方面，主要包括儿童发展心理学、儿童教育学、儿童卫生健康营养与保健、幼儿园一日生活等。观察法的相关知识主要是指观察者能够确定目的，制定观察计划，选取合适的观察记录方法，最后得出观察结论，在此过程中，还需要了解观察过程的注意事项，保证观察过程的信度和效度。观察者必须熟练掌握这些知识内容，才能提高专业化水平，站在专业的角度和高度来看待儿童的一般行为，对儿童的行为给予正确的判断及得出客观的结论，而不是曲解、误会儿童的行为，可以最终根据儿童发展情况提出有针对性的教育办法和举措，促进儿童的全面发展。

2. 环境要求

观察时需要有明确的观察环境的说明，观察环境包括进行观察时的场所和情境。所谓观察的场所，是我们通常所说的包括实体的硬件因素，如空间和设备，以及个体可以利用的资源等。在学前儿童行为观察中，最主要的场所就是幼儿园，包括活动室、厕所、餐厅、走道、卧室或户外场地等。在这些场所中，还包含了儿童使用的各种设备和物品，如用来搭建的积木、用来洗手的水槽等。而观察的情境，则是指与观察内容相关的背景介绍。如儿童在进行活动前的状态是什么样的，发展情况如何，与其他儿童的社会性交往存在哪些问题，在儿童活动前教师设置了什么任务等。

幼儿园的活动室是进行儿童行为观察的主要环境。在整个活动室中，又存在着较小的场所。在制定观察计划时，可以选取具体的场所，这有利于观察的准确性及深入开展观察。例如，应在计划中标明餐厅、区角、寝室、盥洗室等，而不是笼统地填写幼儿园教室或活动室。

3. 观察手段

观察的手段是指用什么方法来获取观察资料。通常来说我们主要借助于自身的感官来开展观察，如眼睛、耳朵、口、鼻、皮肤等，这是最基础、最核心的观察手段，一切的观察都可以凭借感官作为手段和基础。观察中还可以编制过程记录表作为收集观察资料的手段，观察记录表可以用来记录儿童行为出现的时间，发生的次数，还可以记录儿童行为持续的时间，观察记录表的形式可以多样，但必须符合观察目的及观察内容的需要。

4. 所需材料

观察者不可能时时刻刻、连续不断地对被观察者进行观察。因此，就需要借助一些辅助工具来开展观察，可以借助传统的工具，诸如纸、笔、放大镜、显微镜等，也可以借助电子仪器，如照相机、摄像机、微型摄影机、录音机、录音笔等去获得观察对象的感性资料。如果不想被幼儿所察觉，则可以通过摄像头或透过单向透视玻璃观察处在另一室幼儿的活动表现，此种观察也称隐藏观察，幼儿对教师的观察一无所知，因此可以获得更多自然状态下的自主自发行为。

（五）观察成果的形式

在观察计划中，还要设计好观察成果的形式，即最后的观察结论、观察成果用什么形式来表现。观察报告和论文是比较常见的成果形式，还可以将长期观察的资料整理成观察记录集、手册，专门针对某个观察对象的资料还可以为其建立档案。

在观察计划中设计出成果形式，从观察者的角度来说，可以明确将来用什么表现形式的成果，那么从一开始就可以着手向这个方向努力，积累材料，构思框架，进行分工，以利于研究成果的产生。也可以据此检验观察过程是否符合预期设想，以便于有针对性地修改及调整。

（六）成员及其分工

在观察计划中，应尽可能将实施观察的成员罗列出来，标明负责人、成员名单及具体的分工情况，目的一是为了增强课题组成员的责任感，以利于研究计划的落实，二是为了检验成员的工作进度，以便于尽快完成观察过程。

表 2-1 学前儿童行为观察计划表

观察者姓名	陈老师、李老师
观察目的	观察一名 4 岁儿童午餐时的自理能力
观察时间	2017 年 6 月 20 日 11:30—12:00
观察地点	××幼儿园餐厅内
观察对象(年龄)	小凯(4 岁 5 个月)
观察方法	非参与式观察、隐蔽观察、跟踪观察
观察工具	笔、纸、摄像机
观察环境	小凯入园较晚，在家时父母比较宠爱他，经常喂他吃饭，来到幼儿园后老师要求自己的事情自己做，他有点不适应，因此有必要对小凯的自理能力做进一步的观察，为下一步对他开展有针对性的帮助收集有效的资料
成果形式	文字描述观察记录
成员及其分工	陈老师负责实况详录，李老师负责运用摄像机对儿童的行为进行记录

第二节 观察提纲的撰写

观察提纲是观察计划的具体化，主要指观察活动实施的具体步骤，如时间段、顺序、过程、对象、使用仪器、记录方法、设计表格等预先做好充分的安排和准备。观察提纲的制定是为了圆满完成每一次观察任务，观察者必须能够熟练掌握及撰写观察提纲。

制定严密的观察提纲，要做到 6W。

① 对象(who)：明确观察对象。指被观察的对象及数量、范围、他或他们来自什么背景，他们之间有什么关系。

② 时间(when)：日期和具体发生时间段、次数等。

③ 地点(where)：观察行为发生的地点、环境或处境等。

④ 事件(what)：观察哪种行为，他或他们在做什么，说什么，要从事哪些行为动作；他或他们通常做什么或不做什么；他或他们对别人的言行有何反应。

⑤ 怎样(how)：行为或事件的具体表现及过程。事情经过的步骤、阶段及转变，事情的发展、延伸。

⑥ 为什么(why)：即观察者现场的感受，也是从现场不同角度考虑的结果。观察方式是指采用何种观察，如参与观察还是非参与观察、实验观察还是自然观察、系统观察还是偶然观察等；观察设备是指采用什么设备设施进行观察，如借助摄像机、专门的观察室或特殊的仪器设备观测；记录手段是对观察到的现象及观察到的数据资料等如何记录、处理的方式。

除了以上 6W 外，观察提纲还包括对所要观察的事物或行为予以操作性定义。确定相应的观察指标体系，以利于准确地记录。

观察是否能够准确、有价值，关键在于下操作性定义这一环节。最早提出操作性定义的是美国的物理学家布里奇曼，他提出：一个概念的真正定义不能用属性，而只能用实际操作来给出；一个领域的“内容”只能根据作为方法的一整套有序操作来定义。

如幼儿正在玩一个他十分喜爱的玩具的过程中，突然告诉他不能玩，或禁止他继续玩，此时，幼儿的反应就是挫折感。又如，李伯特和巴隆在侵犯性行为研究中曾得到两种结果：一是“儿童观看暴力电视将促使其攻击行为增多”；二是“如果让儿童观看在实验室中攻击别人的3分钟短片后5分钟，儿童将可能按动按钮给隔壁房间的儿童施加疼痛的刺激”。从表述中可以看出，第一种表述更加普遍但不易操作；第二种表述更精确，因为它比较确切地描述了做什么和结果发现什么。

案例参考

附：观 察 提 纲

一、观察时间

计划有3次需要到幼儿园观察：

1. 4月29日(星期五全天)
2. 5月6日(星期五全天)
3. 5月11日(星期三下午)若情况变动，再作相应调整。

二、观察地点

1. 金鼎的幼儿园：A 金一；B 金海；C 金星；D 金田
2. 香州幼儿园：A 启雅；B 博爱

三、观察对象

1. 学生

观察年级：小班、中班、大班、学前班。观察场所：(1) 课堂；(2) 课外活动。

2. 教师

观察任课年级：小班、中班、大班、学前班。观察场所：(1) 课堂；(2) 课外活动。

3. 家长

接送孩子时的行为表现。

四、观察内容

1. 学生

观察幼儿园是否存在超前教育现象及对幼儿身心发展的影响：

(1) 能力：A 学习能力；B 沟通能力；C 自控能力

(2) 个性：A 开朗、活泼；B 内向、自闭

(3) 对学习的态度：A 积极；B 消极

(4) 养成教育的状况：A 行为习惯的养成(如：是否遵守纪律)；B 道德品质的养成(如：是否损害学校公物)

2. 教师

(1) 教师角色：着重观察教师和学生的关系。

(2) 教学方法：观察教学方法是否是单纯的传授型，重视学习结果而忽视学习过程。

(3) 教师在课堂上对纪律的强调情况。

(4) 教师教学内容。

(5) 教师的教学态度。

3. 家长

主要观察家长在接送孩子时对孩子和老师的询问内容和相应的言谈举止。

五、观察方法

(1) 直接观察法 (2) 非参与性观察法

六、观察手段

1. 获得观察资料的手段——通过人的感官观察

2. 保存观察资料的手段：A 人脑；B 文字记录；C 录影录音

七、记录的内容和方法

按照观察指标和内容进行记录，并在观察的过程中及时记录与课题研究相关的其他信息。

八、研究人员的任务分工

在课堂上，一位同学观察学生，一位同学观察老师，并做相应的记录。

（摘自：https://wenku.baidu.com/view/0f47a6a3ba0d4a7302763af8.html）

第三节 观察方法的选择

儿童行为观察是一门科学，对儿童进行观察的方法有很多，如我们前面的介绍有自然观察、直接观察、间接观察、结构观察、抽样观察、跟踪观察等，在具体的观察过程中，要根据具体的情况选择适当的方法，才能收到预期的效果。

一、要根据问题选择方法

科学的观察方法是研究取得成功的重要保证。儿童行为观察的方法多种多样，应根据研究的需要灵活选用。在观察中，确定观察的具体方式方法，一般考虑以下几个方面的因素。

首先，观察的目的影响观察方法的选择。如验证某些儿童行为的假设，或是需要在控制条件下观察儿童的反应状况，那么就需要选取实验室观察法；如需要在儿童完全无法发现的条件下进行观察，那么就需要选取隐蔽观察；如观察目的是揭示儿童较长时间的成长状况或活动状况，那么则需要进行跟踪观察。

其次，观察的环境条件对观察方法的选择也具有一定的影响。一般在空间、时间比较集中的情况下，宜采用直接观察的方法。如果空间比较大，儿童比较分散，那么可以采用抽样观察。

另外，观察对象的数量、观察的手段等也都会对观察方法产生一定影响。

二、要因地制宜地进行观察

观察的过程就是比较和发现的过程，也是认识和积累的过程。观察总是与周围的环境息息相关，要合理利用环境，因地制宜地开展有效观察。广义的因地制宜观察是指观察者可以利用所在地区的环境开展符合本地特色的观察，如寒冷地区可以观察儿童的耐受情况，儿童的户外游戏情况等；湿润地区可以观察儿童的游戏情况，儿童的身体状况等；狭义的因地制宜观察可以指幼儿园各活动区内开展有效观察，在不同的活动区，开展不同目的的观察。

三、要注意多种感官并用

这种运用多种感官的学习方法叫“感官协同效应”。“感官协同效应”是指人们在收集资料的时候参与的感官越多，所得到的信息就越丰富，所掌握的知识就越扎实。也就是多种感觉器官一齐上阵，能够提高感知的效果。

科学的观察，要求观察者不仅仅是“仔细察看”，必须在观察中灵活、协调运用看、听、摸、说、闻等多种感官，时刻注意体验儿童行为的每一个地方，每一步细小的变化。如对水的“观察”，不能局限于用眼睛看，要运用眼、耳、鼻、舌等感官，对水进行全面观察，从而归纳出水是无色、无气味、无味道、透明的液体。

四、要坚持观察的顺序

观察要按照一定的顺序来展开，顺序观察可分以下四种。

(1) 按时间顺序。诸如事物四季、早晚的变化。

(2) 按空间转换的顺序。由远及近、从上到下，取一个观察点观察，有时也可变化立足点。

(3) 按内容顺序。如从整体到局部、从景物到人物、从主要到次要等。

(4) 按事情发展的顺序。

观察某一物品，如玩具，一般可从整体到局部或局部到整体。其中局部又要按照一定的顺序，由外及里，从前到后，从上到下等。

五、要点面结合地进行观察

要坚持点面结合的观察。所谓“点”，指的是对某个事物或多个事物的详细描写；所谓“面”，指的是多个事物的概括描写。点面结合就是详写和略写相结合。“点”可以突出重点，体现深度；“面”可以顾及全局，体现广度。点面结合，可以既有深度又有广度地反映人、事、物的形象状态。

点面结合进行观察经常运用于对那些转瞬即逝的，不能反复观看但又必须在较短时间内抓住其本质特征的对象进行观察的方法。是把事物的局部和整体、特殊和一般、个别和普遍联系起来。

【本章习题】

1. 观察计划包含哪些要素？
2. 为“3 岁儿童课堂活动的专注力”制定观察计划。
3. 撰写观察提纲时需要考虑哪些因素？
4. 为“观察 4 岁儿童绘画过程”撰写观察提纲。
5. 选择合适的观察方法需要考虑哪些内容？

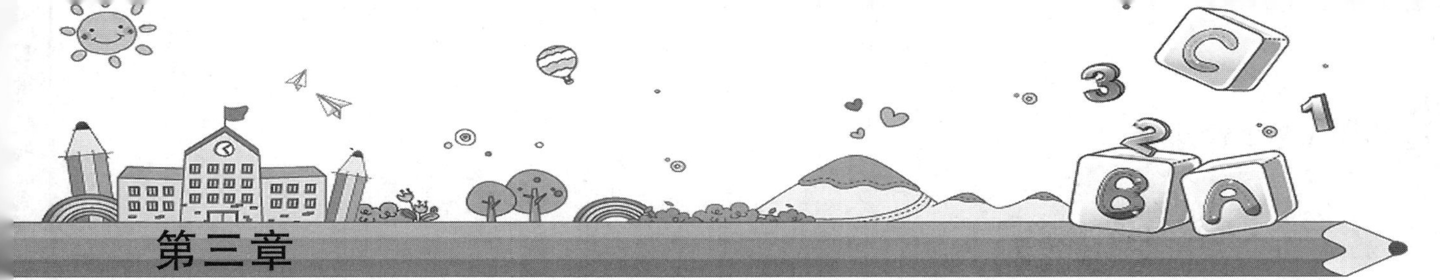

观察的实施

1. 认知：了解观察实施的基本过程及观察记录的具体方法；明确收集资料的方式；掌握观察的注意事项。

2. 技能：初步形成依据观察目的开展观察活动的基本能力。

3. 情感：树立脚踏实地、尊重事实、严谨细致的研究精神。

经典导学

“软糖实验”

1960年，美国斯坦福大学心理学家瓦特·米伽尔把一些4岁左右的孩子带到一间陈设简陋的房子，然后给他们每人一颗非常好吃的软糖，同时告诉他们，如果马上吃软糖只能吃1颗；如果20分钟后再吃，将奖励1颗软糖，也就是说，总共可以吃到两颗软糖。

有些孩子急不可待，马上把软糖吃掉。有些孩子则能耐心等待，暂时不吃软糖。他们为了使自己耐住性子，或闭上眼睛不看软糖，或头枕双臂自言自语……结果，这些孩子终于吃到两颗软糖。

实验之后，研究者对这些孩子进行了长达14年的追踪，一直到他们高中毕业。跟踪研究的结果显示：那些能等待并最后吃到两颗软糖的孩子，在青少年时期，仍能等待机遇而不急于求成，他们具有一种为了更大更远的目标而暂时牺牲眼前利益的能力，即自控能力。而那些急不可待只吃1颗软糖的孩子，在青少年时期，则表现得比较固执、虚荣或优柔寡断，当欲望产生的时候，无法控制自己，一定要马上满足欲望，否则就无法静下心来继续做后面的事情。换句话说，能等待的那些孩子的成功率远远高于那些不能等待的孩子。

运用观察法对儿童进行研究，并非是一蹴而就的事情，而是一个长期系统的过程，从对儿童行为现象的观察记录，到相关研究材料的搜集都必须客观、完整，从而形成对儿童行为发展的完整认识，以便更好地对儿童的行为进行全面、客观、正确的指导。

第一节　观察记录的方法

观察记录的方法主要有四种，根据观察目的选择合适的记录方法才能使得观察更加全面、准确。

一、文字记录法

这一记录方法主要是靠语言和文字进行记录，其中包括日记记录法、叙事记录法。

文字记录法主要用于日常对个体幼儿或少数群体的观察记录。观察者使用描述和记叙性的语言记录幼儿的动作、对话、活动和行为，从中得出对幼儿个体或群体的认识。它具有灵活方便和生动形象两大特点，适合于幼儿教师和家长在幼儿日常生活环境中使用，在幼儿一日活动中或家庭环境里，教师或家长可以随手记下观察到的某一个或几个幼儿的行为表现，可以获得鲜活的事例和生动的印象。

1. 日记记录法

日记记录法是最早用来研究儿童的方法。在19世纪末、20世纪初成为世界幼儿教育研究的主要方法，在欧洲及美国急速发展且风行使用。日记记录法是针对个别孩子或团体进行长时间、反复性的记录，是用来记录儿童成长及发展的数据，着重于记录观察对象出现的发展性变化，既可以用于观察记录婴幼儿的一般发展状况，也可以集中观察记录幼儿在某一发展领域的变化，如语言、社会、认知、动作技巧的发展等，是一种纵贯式的记录方法。

日记记录法要求观察者与观察对象频繁接触，如果不能保证每天观察记录，则至少应做每周几次仔细地观察，并在日记中进行描述记录幼儿的发展状况。使用日记记录法，观察者必须在观察时记录观察对象的自然情况，包括观察对象的年龄、观察时间、观察地点、观察对象所处的环境等，对于观察对象的发展变化或新的行为，以及各种细节都应该记录清楚，即观察记录婴幼儿行为表现时，也要观察记录他们的表情，如撇嘴、皱眉或微笑的眼神等。日记记录法可以了解个别儿童发展的过程，用来回答个别儿童行为的特质或原因，有其独特的价值。

使用日记法虽然可以取得个别儿童长期的大量数据，但其不足也十分明显。限于日记记录法要求每日记录或每周几次记录，完成的时间又较长，常常要延续一年以上，在此期间，还要与观察对象频繁接触，因而很多观察者在使用此方法选择的观察对象往往都是自己的孩子，并且一般只重点观察一个。因此，无论是观察的客观性、普遍性都受到了很大的局限。此方法更适用于父母对子女的观察，在教学机构中不是十分适用。

陈鹤琴日记描述法记录选段

第69星期(第478天)

智慧的发展：今天他玩一个木球滚到椅子下面，他就跪下去拿，不过椅子的档把他挡住了，他拿不着就喊起来，叫人来拿，但是没有人去帮他，后来他爬到没有档的一面拿到了。这里可以证明他的智慧已经发展得很高了。从前他拿不着东西就喊叫，并不能想出第二个办法来对付它，现在一个方法不成就想出第二个来，第二个不行又想出第三个来，当儿童智慧已经发展到这种地步的时候，做父母的不应当事事代他做，以免阻止他的智慧的发展。

(选自陈鹤琴. 儿童心理之研究[M]. 上海书店出版社. 1996)

2. 叙事记录法

叙事记录法与日记记录法同样是用文字和语言记录的，但不同之处在于，使用叙事记录法，不需要像日记记录法那样记录儿童按成长过程出现的发展变化和新行为，而是可以观察记录幼儿在日常生活中表现出的任何有意义的行为、动作、事件等。叙事记录法包括轶事记录和怪事记录。

(1) 轶事记录

观察者只要认为重要的或觉得有兴趣的行为和事件都可以予以记录，不要求对观察对象必须连续跟踪，可以随时随地记录对自己有价值有意义的事情。记录时间通常是在行为发生后，正由于它的简单方便及事后记录，非常适合一般家长及保教人员的使用，是观察中最容易的一种记录方法。轶事记录所得数据，不像日记记录法那么详细丰富，但它往往能掌握重点，记录到精要的数据。它的适用目的非常广泛，应在学前儿童观察中大量地使用。

采用轶事记录观察记录幼儿生活中的事件时，需要注意几点：一是观察到某一轶事后要迅速记录，以便保证记忆的新鲜感和记录的真实性。采用这种方法的观察者，应随身携带或准备好必要的笔、纸、卡片等，以备不时之需；二是尽量做到观察记录的客观、真实和完整；三是记录中应包括对于观察环境、观察时间、观察地点等内容的简洁描写；四是尽可能围绕着观察对象的行为来开展重点描述，如幼儿与人如何交流的，说了哪些语句；幼儿是如何解决问题的，用了什么办法等等。

【轶事记录案例】

观察目的：观察幼儿的用餐情况

观察时间：2015.12.8

观察地点：餐厅

观察幼儿：嘉和(4岁)

活动实录：

午饭时间到了，孩子们高兴地吃起来，吃得香喷喷，老师看在眼里喜在心里。可是有些小朋友却不爱吃蔬菜，只是喝汤吃荤菜，于是二位老师使出浑身的解数，不停地讲解吃蔬菜的好处，而且不断地鼓励他们，效果还不错，大部分都吃光了。只有嘉和一个人就是不吃蔬菜，而荤菜吃个不停，米饭吃个精光，怎么哄也不管用。

案例分析：

现在的孩子生活条件优越，衣来伸手、饭来张口，吃饭不定时定量，而家长们缺乏科学的饮食知识和教育方法，久而久之使孩子形成了不良的饮食习惯。中班幼儿理解力还较差、胆子小，就像嘉和小朋友。所以，如果一味地说教，易导致幼儿失去学习的兴趣，有些幼儿还会故意违背。因此，在教育时宜采取故事、游戏与说教结合的形式，使幼儿初步了解进餐的重要性和一些简单的进餐方法及挑食的坏处。

——幼儿观察：幼儿不吃蔬菜.摘自中国好幼师网[EB]. http://www.yishiwang.net/article-30721-1.html

(2) 怪事记录

对一些特殊行为或事件的记叙性描写，适用于对不经常出现的有价值的词语、行为、事件等予以记录。

运用怪事记录观察记录幼儿的行为或事件时，要注意几点：一是观察记录事件发生时的具体情境和发生背景；二是尽可能准确、完整地记录观察对象的一举一动，所做的事和对环境的反应，注意观察对象是怎样做的；三是观察后将记录的资料与观察对象之前的表现相对照，评估出新出现的行为动作的具体含义。

【怪事记录案例】

观察时间：2007年9月

观察班级：中班

观察幼儿：文文(男)

观察地点：自由活动区

观察细况：文文是一个九月份刚转入我们班的孩子。这个孩子的性格有些孤僻，不太好与他人相处。与其他小朋友共处时，也不愿意与别人交流，经常会有些自我防御性的动作。有时他会主动跑到我面前挠我几下，好像想与老师亲近；但有时也会紧紧握起拳头，好像大家对他都有敌意。

不过，有件事情让我感到非常意外。这周英语学习的重点是礼貌用语的掌握，特别是经常使用的日常用语，如“Thank you!”“You are welcome!”“I'm sorry!”“It's OK!”从文文这几天的表现来看，在以前的幼儿园好像没有接触过英语，至少是没有受过正规英语训练，就是汉语说得也不太流利。

下午依旧是幼儿园自选活动区活动，小朋友们都在“热火朝天”地忙着。文文也在其中玩得不亦乐乎！只是不太愿意与其他小朋友合作。过了一会儿，他非常苦恼地拿着几块拼在一起的插塑走了过来，说：“老师，我弄不开呀。你能帮帮我吗？”我拿过插塑看了看，说：“你一块一块地动动看能不能拆开！”他又试了试，可结果还是没弄开，他感到非常无奈。我看了看他，决定帮他拆开。可能是插得太紧，我也是费了很大的劲才拆开的。我把拆开的玩具放到他的小手上说：“好了，拆开了，你去玩吧！”他非常高兴，而且还说出了“Thank you! Nancy.”我当时特别吃惊，简直就愣住了，他好像还在等着我说什么，我连忙说了句：“You are welcome. Very good!”他又蹦又跳地跑去继续玩他的玩具。从这次短暂的交流后，他对我友好了许多，也经常和我说他那些高兴的事，我也很高兴地听着他的“故事”。

——观察笔记关注个性幼儿

[EB]. http://www.popodoo.com/space/html/98/1798-80129.html

二、图表记录法

此方法被用于时间取样、行为核检等方面。是将所要观察的行为预先考虑好，列在一张单子上，观察时只需在出现某行为时，记录出现此行为的次数即可，可以用数字记录，或以打勾或划“正”等形式进行记录。

如果观察一个对象在某时间段内的行为，直接打勾即可；如果观察一个群体或几个对象在某时间段内的行为，采用记录人数或次数的方式。如要了解儿童群体在一段时间内会出现哪些攻击性行为（表 3-1），可预先将所有攻击性行为列成清单，在规定的时间内（可以是较长时间）观察这些行为是否出现，出现则进行记录。这样通过一段时间的积累，统计人数及百分比，观察者就可以掌握儿童攻击性行为出现的大致情形。使用此方法，必须要预先设计好观察记录表，观察记录表要考虑到所有可能出现的情况，越详尽越好，避免出现实际发生了某些情况可在表格上记录不下来的情景。图表记录法很大程度上避免了文字记录受观察对象个数的限制，适合开展群体观察时使用，记录过程较为简单、方便、快捷，记录结果准确，因此应当广泛使用。

表 3-1　幼儿攻击性行为观察记录表

	行为		界定	计数
方式	身体伤害型	打	用手击，敲，拍	
		踢	用脚触击	
		咬	上下牙对住，压碎或夹住东西	
		推	手抵物体向外或向前用力使物移动	
		抓	用手指抓挠	
		抢	抢走别人东西	
		使用工具	以物为指向的攻击	

续 表

		行 为	界 定	计 数
方式	语言伤害型	骂人	用粗野或带恶意的话侮辱人	
		嘲笑人	用言语笑话对方或戏谑、开玩笑	
		间接的	通过第三者发生关系的	
		心理上的	背后说坏话、造谣诬蔑	
		有伤害他人的意图	有伤害他人的意图但未造成后果的攻击性行为	
	混合型	言语攻击加身体动作攻击	言语攻击加身体动作攻击	

注：计数用“正”字

三、等级记录法

观察者在一段时间内对目标进行观察，当观察结束时，在量表上对该期间发生的目标行为评以相应的等级。其特点是要有预先设置的分类，与其他定量观察记录不同的是，等级记录法要求观察者作出更多的权衡和判断，也称为评定记录。

评定的方式可以用等级(优、良、中、差等)注明，或用字母(A、B、C、D 等)、数字(1、2、3、4 等)注明，还可以用词语描述(基本达到、不合格；无反应、反应一般、反应极快等)。可以当场评定，也可在观察后根据综合印象评定。比较客观的评定方法应是事先规定各种等级的具体标准指标，并由多个观察者当场评定之后，考查一致同意的程度。如：

① 在最能描述教师对待班级态度的等级上划圈：

非常肯定	大多时候肯定	既不肯定也不否定	偶尔否定	非常否定
5	4	3	2	1

② 根据幼儿是否乐于与别人分享玩具的实际情况标出其一：

A 从不；B 很少；C 有时；D 经常；E 总是

在进行等级评定时，要根据观察者对所评对象的多次观察所得到的综合印象进行。还要用多个有经验的观察者同时进行评定，采用其平均值。经过系统训练的观察者会对各种主观偏见更加敏感，从而反应较为理智、准确与客观。

四、图示记录法

这是一种利用预先准备好的图表如位置图、环境图等形式直接呈现相关信息，而且也利于迅速将观察到的情况记入图中，常与多种简单的符号或代号结合使用。

如需要跟踪记录某儿童在运动区的一系列活动，如果采用文字记录法，则很难跟上儿童的移动速度或动作频率，难免有所遗漏。这时就适合采用图示记录法。预先将运动区的轮廓画出来，将其中标志性的设备加以标注(图 3-1)，当观察对象出现后，将儿童的行动轨迹及主要的活动在绘制好的区域图上加以注释，可提前预设好儿童可能会出现的一些行为表现或位置信息，用符号或代码表示，便于快速地在地图上予以标注。

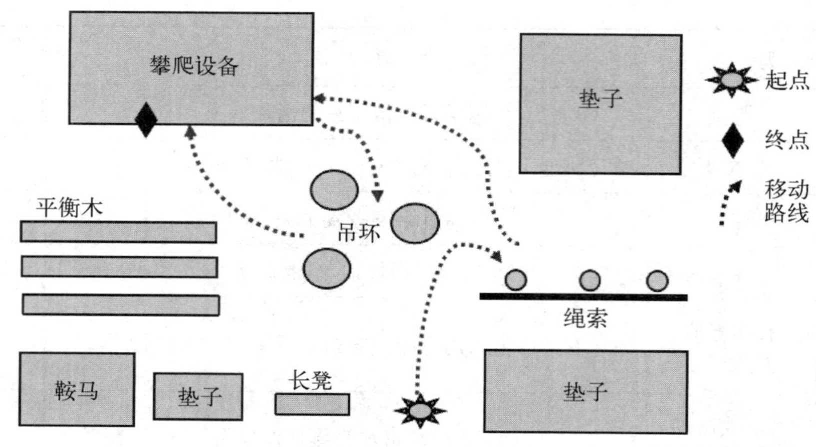

图 3-1　儿童在运动区活动轨迹示意图

第二节　搜集资料的方法

借助于各种观察记录的方法，观察者收集了大量关于儿童行为表现的事实资料，这些资料往往是零散的、原始的、初步的、个性化的，如果要从这些材料中得出客观的结论，还必须占有更丰富的佐证材料。因此，有必要对前人或别人的研究资料，进行进一步整理和分析，从而获得更为理性的研究价值，这一过程就是搜集资料的过程，常用的搜集资料的途径和方法有文献、网络等。

（一）学前教育文献的分布

学前教育文献分布极为广泛且形式多样。

1. 书籍。这是教育文献中品种最多、数量最大而且跨越年代久远的一种文献。它包括专著、论文集、教科书、资料性工具书、科普读物等。

2. 报刊。报刊作为连续性出版物，传递信息迅速，并拥有庞大的写作队伍，反映有关学科领域研究的最新动态和较高水平，是教育研究者查阅文献简便有效的重要来源。它分为报纸和期刊两大类。

3. 教育档案类。是人类在教育实践活动中直接形成的具有保存价值的原始文献资料，包括教育年鉴、学术会议文献、教育法规集等。教育年鉴主要是对一年内重要教育事件和各项统计资料的系统工程汇集，如《中国教育年鉴》；学术会议文献是当代学术界进行学术交流过程中和会前、会后散发的有关论文、会议报告、纪要等；教育法规集是指有关教育政策法规等指令性文件的汇编。

4. 非文字资料。其主要包括建筑、遗迹、绘画、文物、歌谣等。

5. 电子资料。随着计算机网络技术的迅速发展，从网上获取资料、信息交流非常便捷，资料丰富多彩。主要电子资源通过浏览网站、电子邮箱和电子公告板等形式来获得。

（二）学前教育文献的查找方法

学前教育文献的查找方法有检索工具查找法和参考文献查找法两种。

1. 检索工具查找法

是利用已有的检索工具来查找所需文献资料的方法。检索工具可分为手工检索工具和计算机检索工具两种。

(1) 手工检索工具。它包括目录卡片和资料索引两种：目录卡片是将摘录文献资料的主要信息按照一定的格式制作而成的卡片，一般一个较完善的图书馆同时具备三套目录卡片，即分类目录、书名目录和著者目录，研究者可根据自己的需要适当选择其一使用；资料索引是有关情报部门汇集了一定时间内各类文献的题目、出处和作者姓名的检索工具，其主要种类有综合目录索引、报刊目录索引、专业性索引和各种期刊每年最后一期刊登的该期刊全年目录索引。

(2) 计算机检索工具。是由计算机程序人员编制的、储存于计算机中帮助读者查阅文献资料的软件，一般有两种。一是图书馆或资料中心使用的文献检索系统，它和该图书馆或资料中心的数据库连接，读者能利用它从数据库中检索出所需资料。二是互联网上的各种网站的搜索引擎，除了百度(Baidu)和谷歌(Google)搜索引擎外，还可以使用搜狗(Sogou)等网站上的搜索引擎。其主要的搜索方法和功能是：利用电子查阅系统提供的分类目录，根据研究工作所需资料所在的学科领域进入相应的栏目搜索；利用电子查阅系统提供的搜索功能输入关键词搜索相关资料条目来获取文献资料；利用网上远程登录功能与世界各大图书馆联网，查阅资料，提取文本。

2. 参考文献查找法

又称引文查找法或追踪法，是以已掌握的教育科学文献中所列的引用文献、附录的参考文献作为线索，查找有关主题的文献。采用此种方法一般是从自己掌握的最新资料开始，根据其引文或附录的参考文献去查找过去的相关文献，再根据查找到的过去的文献资料的引文和参考文献去查找更早一些的相关文献，以此类推。

上述查阅方法的选择，须根据各查阅课题分析的要求来确定。不同的学科门类、内容、主题和查阅条件，应当采用不同的查阅方法，切忌盲目使用。

第三节　实施观察活动的注意事项

除了要掌握相关的观察知识，确定观察目的及目标，制定好观察计划之外，观察还有其他值得注意的方面。

一、保持客观，克服观察中的主观倾向

观察是对客观存在的、自然发生的现象的考察，通过观察获得的应当是客观的事实。但观察者毕竟是具有主观性的人，通过观察者描述出来的信息在不知不觉中染上了主观的色彩。观察者的主观感情色彩、思维定式都会影响对客观现象的观察。如有些幼儿教师往往偏爱某些乖孩子，总是觉得这部分幼儿的行为比较顺眼，即使他们的行为越轨，老师也只是觉得可笑、好玩，不会觉得儿童的行为存在问题。还有在观察记录了部分幼儿的行为之后，观察者会觉得自己对该年龄幼儿的行为反应已经有数了，此后的观察记录中，观察者会有意无意凭着对前面幼儿接触印象的老经验来判定和记录，这种经验主义的观察难免会使对观察对象的认识发生某种程度的偏差。还有的观察者记录的观察内容并非亲眼所见，而是根据教师或其他幼儿反映的情况记录的，这就很难保证真实、客观、全面，观察者据此分析幼儿的发展情况也不一定与实际相符。

为了克服观察中的主观因素，可以采取一些措施，如在一项观察中应当使用统一制定的表格，并对记录过程有明确的规定，严格按照规定进行记录；还可以用观察者信度的办法来克服观察中的个人主观因素，观察者信度就是指针对同一观察目标，由不同的几个观察者分别来观察，以求得大家基本一致的相同率。如为准确评价幼儿在班级发言情况，克服教师或家长的主观偏见，可以组织家长做义务观察员，每天轮流由 2—3 个家长在规定时间内同时观察 20—30 分钟，观察中家长使用的是与教师相同的记录表格。观察结束后，教师可以组织核对各人的观察记录，将一致相同或基本相同的部分作为有效资料，从而大大提高观察的准确性。

二、尽可能消除对观察对象的影响与干扰

观察是人研究人的活动，人与人之间发生联系，就可能会相互影响，如果观察者突兀地出现在观察对象身边，或观察对象被告知将会有人来观察他们，那么观察对象的行为就极有可能受到干扰和影响，从而导致观察资料不能符合实际情况。如在活动课上，观察者出现在幼儿活动的情景中，或被老师告知这是客人，要来看自己的活动，那么有些幼儿就会频频回顾，东张西望，有些则乖乖表现，尽可能表现出

教师所希望的行为方式，无论哪一种可能都不是儿童一贯的行为表现，那么观察者记录到的资料就失去了本来的价值。

为了避免这种情况，观察者可以参加到儿童所在的群体或组织中，作为其中一员，不暴露自己的身份，与儿童共同生活，并努力成为其中一员，参与其日常活动。被他们当成自己人，目的是不影响儿童的行为。如观察者可以以一名任课教师的角色进入到课堂观察儿童的行为，这样就不会因为观察者的出现而发生虚假行为。再者，对于某些容易引起行为变化的因素，观察者要事先考虑并采取措施，如条件好的幼儿园有单向观察玻璃、摄像头等设备或有专门观察室，观察者可以借助这些专门设备进行观察。

三、尊重观察对象

观察是对人的研究，尊重研究对象的人格和权利，使之不受任何强迫和身心损伤，是研究者的责任。无论观察的对象是幼儿还是幼儿教师，观察者都要明白他们都是平等的人类成员，有自己的需要和权利，应当受到尊重。观察中，无论是参与观察还是非参与观察，都不能干扰幼儿，这是因为在自然状态下的表现才是最真实的，要避免因记录而干扰幼儿的活动，否则记录只会流于形式。

坚持尊重观察对象，将会影响到观察的过程、内容、方法和效果。假定两个幼儿正一起饶有兴趣地玩橡皮泥，一个幼儿抢走了另一个幼儿的半块橡皮泥，后者尖叫着伸手想夺回来，这时教师正好过来，看到并批评了去夺橡皮泥的幼儿，教育他不要抢别人手里橡皮泥。这个幼儿教师犯了以下几方面的错误：她没有观察到事件全过程，观察资料是零星片面的；判断缺乏足够证据，加入了主观偏见；造成了幼儿情绪上的压抑，混淆了是非观。如果把这位幼儿教师作为观察者，无疑她的观察是失败的，主要原因在于她选定的观察条件不符合尊重儿童的教育观和道德观，不合乎尊重观察对象的观察要求。

四、要讲究观察中的记录方法

观察的时候，要讲究记录方法。就是要求观察记录系统准确，观察者在记录时要抓住与观察目标有关的、全面的、重要的信息。检查这一标准的条件是：当观察完毕后，查看观察记录，如记录能够非常正确、真实地反映当时的所见所闻，则说明记录是有效的、准确的。记录越系统准确，用处就越大。有经验的观察者在采用文字描述方式做观察记录时，常常用速记法或用现代化设备当场记录，以便事后整理。

采用哪种观察记录方法，是与观察目的息息相关的，如开展群体观察，观察一群儿童的活动表现或社会性交往，那么采用文字描述的方法，很难真实、快速、准确地把全部的情境记录下来，因为文字描述的方法记录较慢，跟不上儿童的活动节奏，因此，适宜采用表格记录或提前做好观察的一系列准备。要观察某一儿童的具体表现，如果仅仅运用符号或图形来进行记录，那么所得的资料就较为简陋、笼统，不具备太好的研究价值，因此针对这样的目的，就需要用文字描述的方法来记录，以求真实地还原具体情境。总而言之，观察者在观察时力求采取简便易行、省时省力的方式，尽量做到快、细、全地记载观察内容；要尽可能冷静地记载行为事实、记载过程，不要轻易地下结论，也不要随便把观察者的主观感觉写进观察记录，应当尽量使观察资料保持客观性、准确性和详尽性。

【本章习题】

1. 日记描述观察记录法适用于哪些观察内容？如何操作？
2. 当观察的对象较多、观察的时间较长时应采取哪些观察记录方法？
3. 如何搜集丰富的资料？
4. 为“4 岁儿童与同伴间的交往”这一观察目的搜集资料。
5. 观察时的注意事项有哪些？

第二篇

儿童行为分析研究

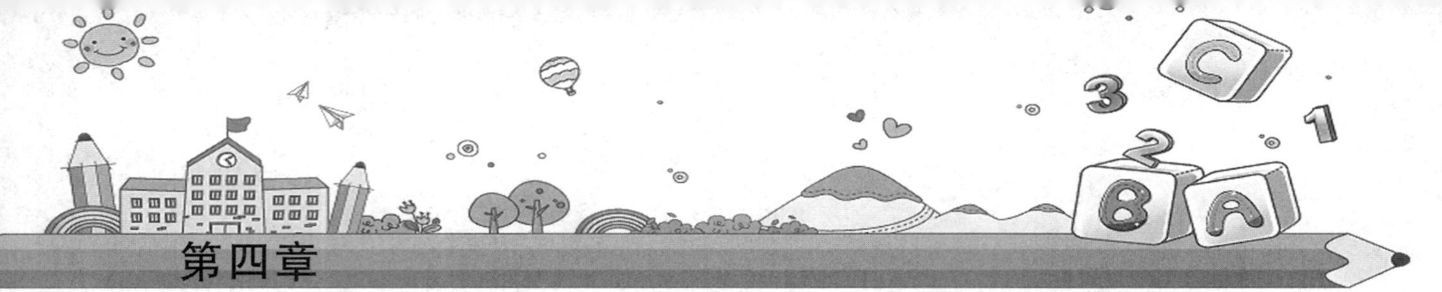

第四章

观察结果的整理和研究

学习目标

1. 知识：了解儿童行为观察资料整理和研究的意义及其基本方法。

2. 技能：掌握行为观察资料整理的基本方法，能够对主观性的资料进行数量化整理；学会用数字说明问题。

3. 情感：树立科学严谨的思想意识，不断反思，提高自己的研究水平。

经典导学

得数据者得天下

信息爆炸的时代，大数据晋升为一个时髦词汇。大数据统计降临到商业、经济、政治等领域，成为备受推崇的决策工具。对于海量数据的挖掘，有助于统计事情发生的概率，帮助人们计算做某些事情成功的几率。大数据似乎被其崇拜者推到不可触及的高空。大数据，到底有多牛？

10 亿台电脑、40 亿部手机、无数的互联网终端……一组组数字让我们生活的世界高速数字化，“信息爆炸”早已从抽象的概念变为现实的描述。或许你可能并不知晓这些数字，但你一定会感受到“数据”正在呈几何基数爆炸性增长。

从出现文字记录到 2003 年，人类总共创造出的数据量只相当于现在全世界两天创造出的数据量；在如此大的基数之上，全球的数据量仍然每 18 个月就会翻一番；预计到 2020 年，全球数据规模会达到今天的 44 倍。在这个得数据者得天下的时代，数据变得极其珍贵和重要。（摘自：物联网）

第一节　观察资料的分析综合

儿童行为观察研究的过程实质上就是收集资料、整理与分析资料、得出研究结论的过程。

收集资料是观察过程的基本任务，收集到的资料只是初步的，有用和无用，真和假并存的数据和信息，这些数据和信息能否说明课题要解决的问题？还要进一步分析和整理，才能得出可靠的结论。

虽然收集资料、整理与分析资料、得出研究结论是观察研究活动的几个独立的环节，但这几个基本环节之间是相互联系的、相互包含的，如在观察的过程中也要边搜集资料，边对资料进行整理。如在研究《〈3—6 岁儿童学习与发展指南〉视角下儿童心理素质的研究》时，边在幼儿园观察搜集信息，边把获得的信息进行小、中、大的归类和统计，从而促进了研究成果的获得。另一方面，在结论形成的环节上，

也会遇到资料占有不充分、不详实，又需要重新回到实践中去观察获得资料的情况。研究活动正是在这种资料的反复搜集、整理与验证的过程中，才逐渐能获得真实的、可靠的结论，使研究的结果逐渐接近真理。因此，资料的搜集和整理，能够使研究人员时刻保持清醒的认识，从而在具体的研究过程中牢牢抓住观察研究的主导方向，使观察研究活动少出错误，少走弯路，确保整个研究活动的顺利进行。同时对在研究过程中获得的多余的、虚假的资料也是一个删减或去粗留精、去伪存真的过程，从而为真实可靠资料的获得节省时间，提高效率。

研究者通过对获得的资料进行比较分析，归纳总结，在这个复杂的思维过程中，不仅提高了从事科研活动的素质，而且通过这些思维活动，舍弃了非本质的材料，获得了典型的有代表性的材料，使研究的结论更为可靠，因而，资料的搜集对行为观察与研究活动具有举一反三的作用。下面我们介绍几种资料整理分析的方式。

一、分析综合

分析和综合是人类抽象思维的基本操作过程。分析是在头脑中把观察到各种行为表现分解为各个部分、各个层面或各个不同的特征，分别加以思考的过程。例如，我们说：小王老师是一位合格的幼儿教师，是因为她有先进的教育理念；有高尚的师德；有扎实的专业知识；有过硬的教学技能，这个思考问题的基本过程就是分析。分析反映的是客观事物构成的各个要素，强调的是人、事物或现象的个别属性。

与分析相反，综合则是在头脑中把事物的各个部分、各个层面、各个不同的特征统合起来，组成一个整体来加以思考。例如，某孩子的观察力、记忆力、思维能力、想象力都比同龄儿童好，那么，这个孩子有可能是一位超常儿童。这种把事物的各个特征综合为一个整体来加以思考的思维过程就是综合。

综合是在分析基础上进行的，在整理资料的过程中，把获得的各个要素结合起来考虑，从错综复杂的现象中探索出事物之间的相互关系，从整体的角度把握儿童行为的本质和规律，才能得出科学结论的过程。

通过分析综合，认识儿童某种行为的特点及发展趋势、发展的基本规律，去伪存真，去粗取精，从而获得研究结论。

儿童行为观察研究活动是抽象的思维活动，分析综合的过程应该贯穿活动的始终，根据活动的开展进程，把分析综合的过程分为以下三个环节。

（一）观察活动前的分析综合

即在开始研究活动前，对整个研究活动的选题价值，如理论性价值、实践性价值、可行性、创新性，预期成果，研究活动的推广价值等内容进行分析和综合的探讨，从而确保研究活动的方向不偏离轨道，同时也能够使研究活动的开展少犯错误，少走弯路，所以确立课题之前，对选题的分析综合的思考是不可缺少的。

（二）观察过程中的分析综合

在观察研究的进程中也要进行分析综合，这是使观察活动符合科学研究逻辑程序的基本保障，不断分析思考“研究对象确立的合理性”“研究方法选择的恰当性”“研究步骤设计的科学性”“材料来源背景的真实性”“信息资料的可靠性”，以及“资料信息本身的价值性”等。只有在研究的过程中边研究边进行调整分析，才能及时发现研究过程中出现的偏颇和漏洞，及时进行纠正，最终获得有价值的研究结论。

（三）观察结论的分析综合

对观察结论的分析综合是对观察活动结果进行的价值性判断，要通过分析综合，从结论中总结出研究的理论性和实践性的价值，是分析综合活动中最主要的环节，直接关系着研究活动的成败。如果整个研究的基本过程正常，唯独在研究的结论上出现了问题，就会导致研究活动前功尽弃，因而对观察结论的分析综合也是分析综合过程的核心环节。对观察结论的分析综合通常通过信度和效度两个指标体现出来。

1. 信度

信度即可靠性，是指采取同样的方法对同一对象进行重复观察，所得结论的一致性程度。也是指测量数据的可靠性程度。如果在具体的观察活动中，总是能够获得一致性的观察结论，那就说明观察活动结论有良好的可靠性，可靠性越高，信度就越好。通常用信度系数来表示信度的高低。信度系数越高，表明观察结论的可信程度越好。

关于信度系数，学者 De Vellis 认为，数值在 0.60—0.65 范围内的信度较低，可靠性差，最好不要；系数在 0.65—0.70 范围，虽然也低，但在最小的可接受的范围内；0.70—0.80 的信度系数值较好；而如果系数达到了 0.80—0.90，则说明信度系数非常好，结论的可靠性高。因此，如果观察结论的一致性系数在 0.70 以下，则应当考虑重新进行观察活动或者对观察结论进行再分析。

那么，怎样获得信度呢？常用的方法是重测法。

即对同一组观察对象或行为表现，在不同的时间内多次进行观测，然后比较所得组数据之间的相关程度。如果相关程度较高，则说明观察结果与观察对象或行为表现的真实水平相同或相近，观察的结论是稳定的，可靠性程度较高；如果多次观察的差异较大，几个观察结果的相关程度较小，则说明观察结论的误差较大，观察对象或行为表现是不稳定的，可信程度较小。如，观察儿童在同样的活动中注意力稳定时间的长短，第一天 10 分钟；第二天 11 分钟；第三天 10.5 分钟，则说明这个观察结论的信度较好。反之，如果三天获得的数据差异非常大，则表明观察活动的可靠性差。

还可以使用 SPSS 软件进行信度分析。

SPSS for Windows 是一个组合式软件包，它集数据录入、整理、分析功能于一身。使用 SPSS for Windows 进行信度分析，简单易学，结果清晰、直观，而且可以直接读取 EXCEL 及 DBF 的数据文件，现在已推广到多种操作系统的计算机上。

如：某教师于 2 月份和 9 月份分别对大班 12 名儿童，进行了注意力集中时间的观测，结果如表 4-1 所示，计算两次观测的信度。

表 4-1　大班 12 名儿童注意力集中时间

月份	a	b	c	d	e	f	g	h	i	j	k	l
2 月	18	16	7	13	16	15	14	6	10	12	14	12
9 月	17	17	8	13	17	13	12	7	11	13	15	14

SPSS 系统使用方法如下。

(1) 操作过程

① 首先，打开 SPSS 操作系统，根据题意建立数据文件。

② 选择“分析”|“相关”|“双变量相关”命令，打开“双变量相关”对话框。

③ 将两次观测数据放入变量对话框。

④ 单击“确定”，输出结果。

(2) 结果分析

输出结果如表 4-2 所示。从表中可以看出，该班儿童注意力 2 月份和 9 月份的发展水平相关系数为 0.993，$p<0.01$，相关极其显著，表明这两次观测的信度很高。

表 4-2　2 月份和 9 月份某大班注意力测验成绩相关

		2 月	9 月
2 月	Pearson 相关性	1	.933**
	显著性(双侧)		.000
	N	12	12
9 月	Pearson 相关性	.933**	1
	显著性(双侧)	.000	
	N	12	12

2. 效度

效度即有效性，是指观察结论与被观察儿童真实行为之间的符合程度。观测结果与观察的内容越吻合，则效度越高；反之，则效度越低。如实际生活中我们常常观察到某个或某些孩子聪明伶俐，但是智力测验的结论，往往与观察结果并不一致，这就说明观察的效度不高，反之如果观察的那些聪明伶俐的孩子，智力测验的分数也高，则说明观察的效度较高。从这里我们也能够看出，我们是把观察的结论与智力测验进行的比较，智力测验在这里就被当成了效度的标准，即效标，高考成绩、标准化测验、专家评定等都可以作为效标。但是，一个好的效标必须具备以下条件：

(1) 效标必须能最有效地反映观测的目标，即效标测量本身必须有效，如以上案例中的智力测验应该是被公认的，效度高的。

(2) 效标必须具有较高的信度，稳定可靠，不随时间等因素而变化，信度与效度的关系是：信度低，效度一定低。因为测量的数据不准确、不可靠，就不能有效地说明观察的结论；但是信度高，效度不一定高。如一份智力测验的可靠性程度尽管不错，但是不一定在每一个地区，每一个年龄阶段孩子身上都有效，而效度高，信度一定高。

那么，如何估计效度呢？可以采用专家经验判断法。

这种方法是借助于专家或有识之士的经验进行的判断，如果征求意见的范围大，获得的数据有效程度就会高。

也可以同信度的检验一样，使用 SPSS 软件，进行效度分析，步骤如下：

(1) 将整理好的数据导入到 SPSS 中。

(2) 选择分析中的“降维”→“因子分析”。

图 4-1

(3) 将所有的变量都选到因子分析变量中。

(4) 在描述选项卡中勾选，原始数据分析和 KMO 和 Bartlett 球形度检验。

(5) 抽取选择主成分分析方法，其他默认即可。

(6) 旋转选项卡，方法选择最大方差法。

因子分析
变量(V):
Q1
Q2
Q3
Q4
Q5
Q6
Q7
描述(D)...
抽取(E)...
旋转(T)...
得分(S)...
选项(O)...
选择变量(C):
值(L)...
确定
粘贴(P)
重置(R)
取消
帮助

图 4-2

因子分析: 描述统计
Statistics
单变量描述性(U)
原始分析结果(I)
相关性矩阵
系数(C)
逆模型(N)
显著性水平(S)
再生(R)
行列式(D)
反映象(A)
KMO 和 Bartlett 的球形度检验
继续
取消
帮助

图 4-3

因子分析: 抽取
方法(M): 主成份
分析
相关性矩阵(R)
协方差矩阵(V)
输出
未旋转的因子解(F)
碎石图(S)
抽取
基于特征值(E)
特征值大于(A): 1
因子的固定数量(N)
要提取的因子(T):
最大收敛性迭代次数(X): 25
继续
取消
帮助

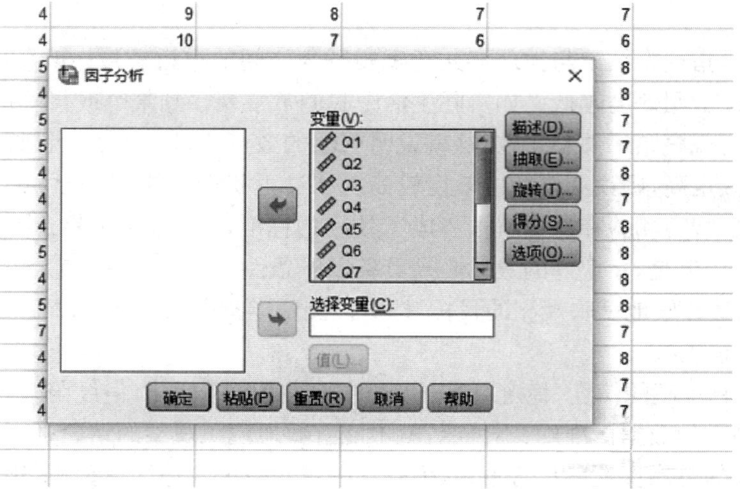

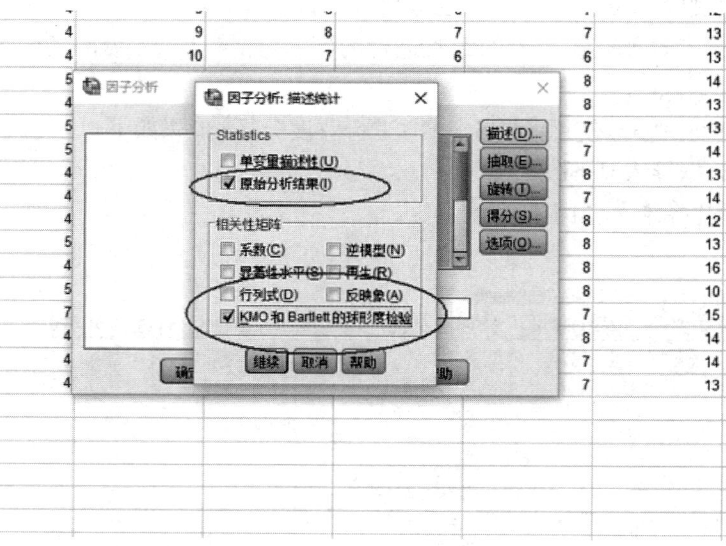

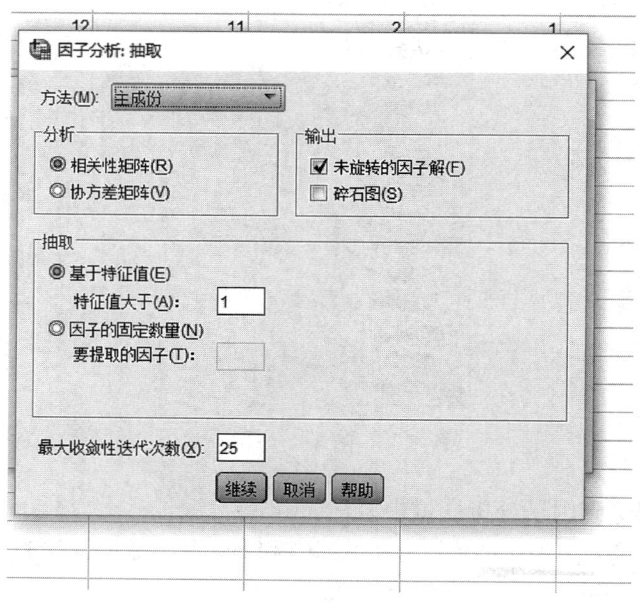

图 4-4

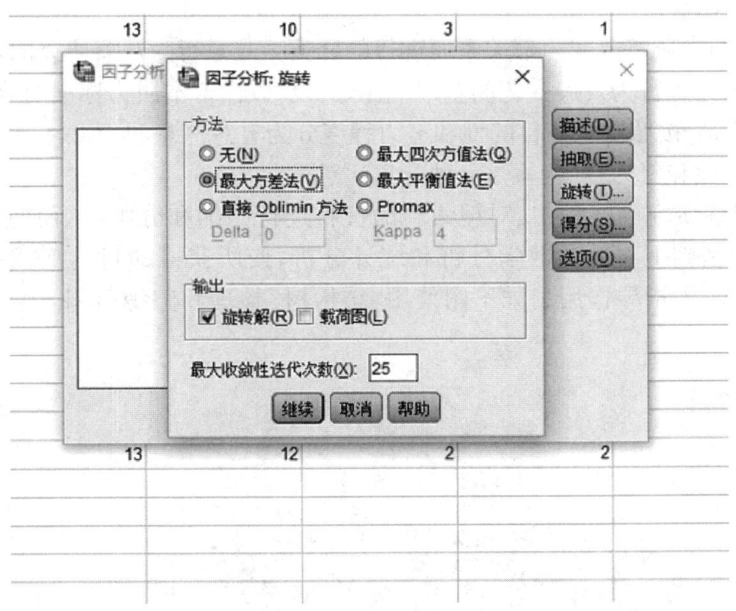

图 4-5

(7) 点击确定即可得出 SPSS 分析出的结果。本例中的结果分析如下。

如果数值在 0.9 以上，说明效度很好；在 0.8—0.9，之间较好；在 0.8—0.6 之间适合；而 0.5—0.6 就表示效度很差；数值在 0.45 以下，应该放弃。

(参见：https://jingyan.baidu.com/article/49ad8bce4159405834d8faee.html)

第二节　观察资料的归纳分类

物以类聚，人以群分，归纳分类自古以来就被广泛运用于我们的生活中。如，根据智力的发展水平，可以把儿童分为低常、中常和超常儿童，在低常儿童中，又分为三类：智商在 85—50 之间的为轻度低常；智商在 50—25 之间为中度低常；智商在 25 以下为重度低常。通过这样的划分就把低常儿童划分为具有一定从属关系的、不同等级的观察对象。在对儿童行为进行观察研究的过程中，对资料的整理是离不开归纳分类的。许多研究材料，只有进行了科学的归纳分类，才能在资料梳理的过程中获得更为准确的研究信息，使研究活动顺利进行。那么，如何进行归纳分类才能做到科学有效呢？首先，归纳和分类要按照一定的标准才能进行。

(一) 归纳分类的标准

1. 以时间为标准

时间常常作为某种活动或现象的分类标准，如学前心理学把儿童分为胎儿期、新生儿期、婴儿期和幼儿期几个年龄段进行研究。

2. 以问题为标准

按照观察研究的问题类别进行分类，这种分类的方式有助于明确掌握各问题之间的隶属关系。如影响儿童心理发展的因素可分遗传问题、社会问题、家庭问题、幼儿园教育问题等，例如，当我们观察到孩子言语发展迟滞，首先就要判断是哪个方面出现了问题。

3. 以外部现象为标准

观察研究的过程中也常常根据事物的外部特征或现象进行分类，如，根据儿童入园的表现，可以把初入园的儿童分为适应性强、适应性一般和适应性差的几个类别，然后进一步分析每个类别后面可能存在的问题。

4. 以本质特征为标准

即根据事物内在的本质特点或内部关系而进行的分类。儿童行为观察研究的目的就是透过对儿童表面现象的观察，揭示儿童行为发展变化的基本规律，所以，以内部本质为标准的分类才是分类的根本。如儿童注意类别的划分：按照注意的目的性和努力程度分为有意注意和无意注意，那么，无论儿童年龄多大，只要具有了目的性和努力程度，就是一种有意注意。

在对儿童行为观察研究的过程中，对搜集到的资料进行归纳和分类，从而使材料进一步理论化、条理化、系统化，在此基础上再通过数学分析和统计分析，使所获得的材料变成真正的结论，从而对科学研究和教育实践发挥指导作用。如下图使用“结构树”整理和归纳材料，使获得的信息材料更直观具体。

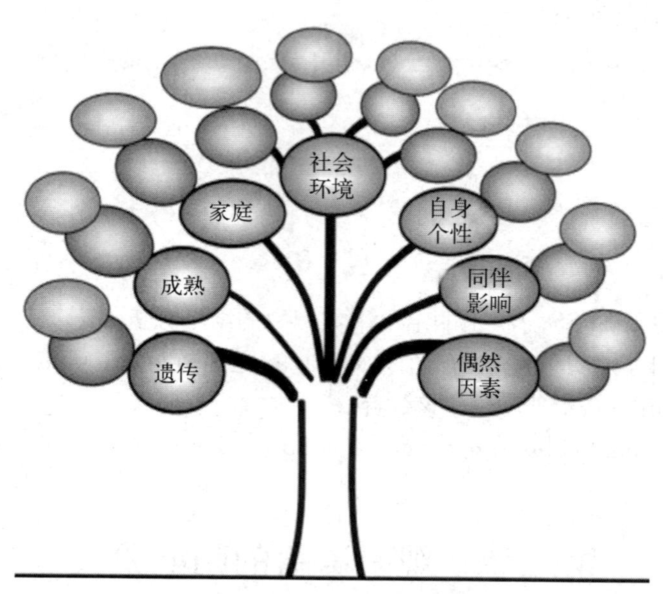

图 4-6 影响儿童发展的因素

(二) 归纳分类的注意事项

通过上面的叙述，我们知道归纳分类直接影响材料整理的效果，但正确分类还要注意以下问题。

1. 归纳分类的标准要统一

无论是按照时间还是材料内在的本质特点，分类可能都要进行多次，有多重级别，但无论哪个级别的分类，都应该按照统一的标准进行，否则，就会出现逻辑关系混乱的情况，使分类无法进行，如：“我们幼儿园经常对男孩、女孩和学前班孩子的视力进行检查”，这里对儿童分类的标准既有性别的，又有年龄的，就出现了分类标准混乱的情况。

2. 归纳分类要遵循逻辑顺序

在分类的过程中要按照一定的顺序逐级进行，或从大向小，或从小向大，不能跨越顺序级别进行分类。如生物学界对生物用界、门、纲、目、科、属、种加以分类。从最上层的“界”开始到“种”，是按照从大到小的顺序进行的。而且分类后的各个小项目的外延之和，要与分类前的外延相等。

3. 归纳分类后的各项目之间要独立

即指归纳分类后的同级项目之间是相互独立的关系，各项之间不能重复；例如，可以把儿童分为男童、女童，不是男童就是女童；但是，如果说儿童可分为男童、女童、婴儿和幼儿，这就出现了小项之间相互包含的现象，因为婴儿、幼儿中也包含有男童和女童，他们是不能在同一分类等级内并存的。

综上所述，进行了恰当的分类归纳，使材料进一步清晰明确了，就为后面结论的总结奠定了基础。

学习拓展

Bloom's Taxonomy of Learning

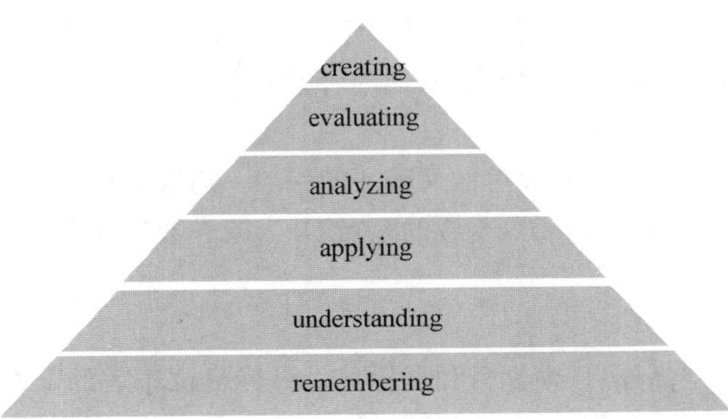

图 4-7 布鲁姆学问分类法

教育心理学家本杰明·布鲁姆(Benjamin Bloom)发现,美国学校的测试题95%以上是在考学生的记忆。于是他提出了一个新的学问分类法,即影响了两代美国人的"布鲁姆学问分类法"(Bloom's Taxonomy of Learning)。

该分类将学问分为知识、理解、应用、分析、综合、评估六个类别。这个分类法在美国教育界,尤其是在中小学非常普及。很多学校的课程设置,就是以该分类法为依据,用两代人的时间,使美国教育成功走出以"记忆"为主导的测试困境。即便在小学阶段,这些分类技能的培养也是齐头并进的。比如"应用"类别,一年级的孩子就有"访谈"作业,让他们问家里人喜欢香草冰淇淋还是巧克力冰淇淋,然后制成图表,这就是讲究多项认知技能的组合。

第三节 观察资料的统计

统计指对某一现象有关的数据的搜集、整理、计算和分析等。儿童行为观察和研究资料的整理也离不开统计。统计常见的类型如下。

一、统计表

统计表是用表格的形式来表示数量关系。用统计表可以把研究对象的特征、内部构成、相互关系等简明、形象地表达出来,便于比较分析。

(一) 统计表的构成

统计表由标题、横标目、纵标目、线条及数字资料构成,其基本格式如下表:

表 4-3 黑龙江省 3 岁儿童性别统计表

总横标目(或空白)	纵标目	合 计
横标目	数字资料	数字资料
合 计	数字资料	数字资料

（二）统计表的编制基本要求

统计表的编制要结构简单，层次分明，内容安排合理，重点突出，数据准确，便于理解和比较分析，具体要求如下。

1. 统计表的内容

内容要简单明了，通常一个表只表达一个或两个内容。如："2017 年黑龙江省幼儿入园人数统计表"，就只能体现 3 岁及以上幼儿入园的数量，其他内容不能在表内。

2. 统计表的标题

标题就是统计表的总名称，要进行简单而又确切的叙述。通常包括"表"所表达的中心内容、时间和地点，如"黑龙江省幼儿入园人数统计表"，要说的是"幼儿入园人数"，采集的时间、地点是"2017 年黑龙江省的数据"。

3. 统计表的标目

统计表的标目有三种，即纵标目、横标目和总标目。纵标目位于表的上端，说明该表纵栏指标的含义及度量单位；横标目位于表的左侧，说明该表横栏数字的含义；当几个纵标目或横标目具有共同的性质时，可统称为总标目。标目的处理是影响统计表质量的关键因素，因此，在制表中必须充分利用纵横两个标目，妥善安排主要内容与次要内容的位置。此外，标目的层次不宜太多，通常 1—2 层较为合适，最多不宜超过 3 层。如表 4-3。

4. 统计表的数字

统计表内的数字是表的基本语言和重要信息，要求准确无误。尤其是同种统计指标，各数值的准确度一致，书写时注意各个位数或小数点要上下对齐。表中数字暂缺时用"—"号代替。

5. 统计表的线条

构成表的基本线条有上下边线；表头与表体之间的横线；表头内总标目与纵标目之间的横线；且横线要加粗，起到突出和醒目的作用；如有合计时，部分数字与合计数字之间也要用横线隔开，而其他线条均可省略，线条以简单明了为好。

6. 统计表的备注

备注不是统计表的必需组成部分，但是，如有表内不能说明的情况时，可以以备注的形式书写在统计表的下面。

（三）统计表的种类

根据纵、横标目的分组，可把统计表分为简单表和复合表两类。

简单表是由一组横标目和一组纵标目构成的统计表，纵、横标目都没有再进行分组，适合对简单资料的统计，如表 4-4。

表 4-4　某幼儿园儿童参加艺术类兴趣班情况统计表

数　据 项　目	人　数	百分比(%)
没参加	112	26.6
音乐类	106	25.2
美工类	86	20.4
舞蹈类	72	17.1
语言类	45	10.7
合　计	421	100

复合表是由一组横标目与两组或两组以上的纵标目结合而成，也可以由两组或两组以上的横标目与纵标目结合而成。适合统计比较复杂的数据资料。如表 4-5。

表 4-5　某幼儿园男女儿童参加艺术类兴趣班情况统计表

项目＼数据	女生			男生		
	人数	百分比(%)		人数	百分比(%)	
		占女生数	占总人数		占男生数	占总人数
没参加	64	32.8	15.2	48	21.2	11.4
音乐类	31	15.9	7.4	75	33.1	17.8
美工类	52	26.7	12.4	34	15.0	8.1
舞蹈类	32	16.4	7.6	40	17.8	9.5
语言类	16	8.2	3.8	29	12.9	6.8
合　计	195	100	46.4	226	100	53.6

二、统计图

统计图是利用点、线、面、体绘制的，用以表示各种数量之间关系及其变化情况的几何图形。统计图可以使复杂的统计数字简单化、形象化，便于理解和比较各数量之间的关系。因此，统计图在统计、整理与分析资料的过程中得到广泛的应用。

（一）统计图的类型

常用的统计图有长条图、圆图、线图、直方图和折线图等。图形的选择取决于资料的性质，一般情况下，计量资料采用直方图和折线图，计数资料、质量性状资料、半定量（等级）资料常用长条图、线图或圆图。

（二）统计图绘制的基本要求

统计图的标题要简明扼要，列于图的下方；纵、横两轴应有刻度，注明单位；横轴由左至右、纵轴由下而上，数值由小到大；图形长宽比例约 5∶4 或 6∶5；图中需用不同颜色或线条代表不同事物时，应有图例说明。

（三）统计图的绘制方法

1. 条形统计图

条形统计图是用一个单位长度表示一定的数量，根据数量的多少画成长短不同的直条，然后把这些直条按一定的顺序排列起来。从条形统计图中很容易看出各种数量的多少。条形统计图一般简称条形图，也叫长条图或直条图。根据统计指标数量的多少可以分为单式条形统计图（图 4-8）和复式条形统计图（图 4-9）。

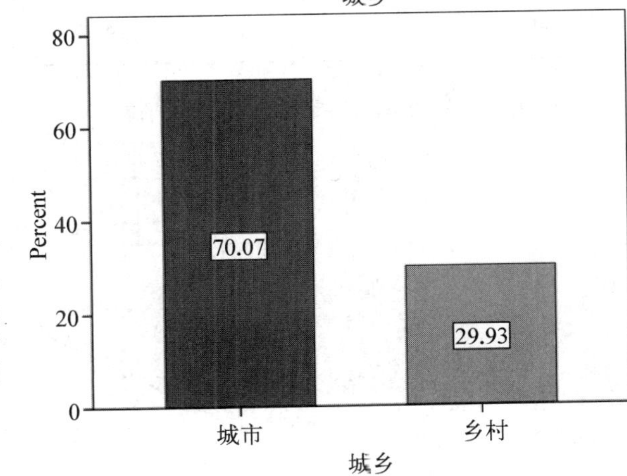

图 4-8　某幼儿园儿童城乡人数百分比（单式条形图）

如果只涉及一项指标，则采用单式条形图。如表 4-4 某幼儿园儿童参加艺术类兴趣班情况只有一项指标，因此采用单式条图更为适合；如果涉及两个或两个以上的指标的，如表 4-5 某幼儿园男女儿童参加艺术类兴趣班情况，涉及男女儿童两项指标，则采用复式条形图较为合适。

条形图的绘制应注意以下三点。

（1）横轴是长条图的共同基线，应标明各长条的内容。长条的宽度要相等，间隔相同。间隔的宽度可与长条宽度相同或者是它的一半。

（2）纵轴从“0”开始，间隔相等，标明所表示指标的尺度及单位。

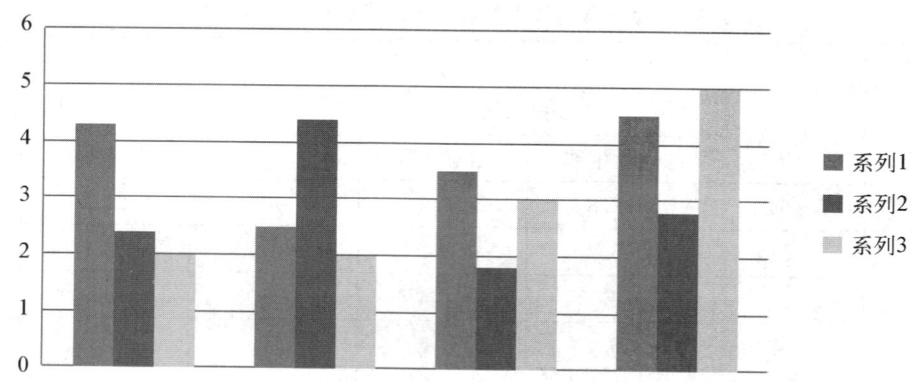

图 4-9　某幼儿园 123 班兴趣班学习情况统计图(复式条形图)

(3) 复式条形图的绘制,要注意把同一属性的两个或两个以上指标的长条绘制在一起,中间不留间隔,并将不同长条所表示的指标用图例说明。

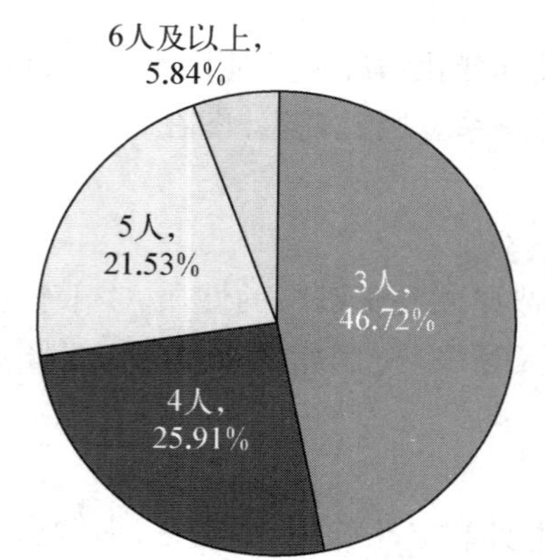

图 4-10　家庭基本情况调查项目 1:平时与孩子共同生活的人数统计

2. 圆形统计图

圆形统计图也叫扇形统计图,是用园内面积大小来表示数据的一种统计图。绘制圆形统计图,首先要计算出不同类别成分所占的百分比,以每个圆的面积代表为 100%,用圆的总度数 360 度分别乘以各部分的比例,计算出相应部分在圆内的圆心角度数,然后按照数据分割圆内总面积,同时要用图例进行说明。如图 4-10 某幼儿园在家庭基本情况调查中的项目 1:平时与孩子共同生活的人数。

3. 线形统计图

线形统计图通常用来表示事物或现象随时间发生变化的情况。线形统计图有单式和复式两种。

(1) 单式线形统计图主要表示一种事物或现象随时间发生变化的趋势。如表 4-6。

表 4-6　某人身高变化情况表

年　龄	5	10	15	20	25	30
身高(cm)	90	136	165	172	176	176

据此表可制成单式线图。如图 4-11。

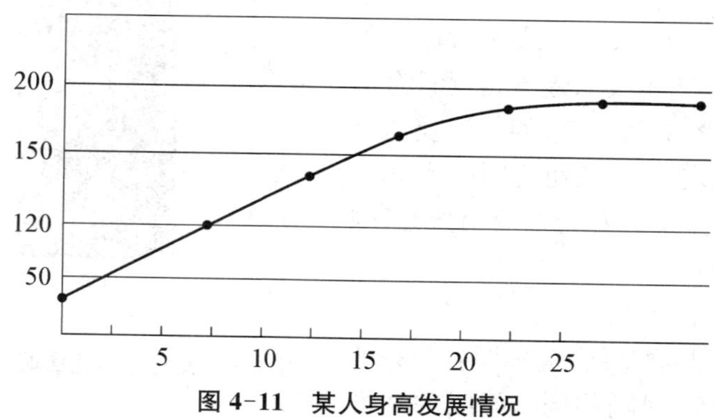

图 4-11　某人身高发展情况

(2) 复式线形图要在同一图上表示两种或两种以上事物或现象的发展趋势。可用实线"——",断线"------",点线"・・・・・",横点线"-・-・-・-・-"或不同颜色、形状的点线的标识进行区别。

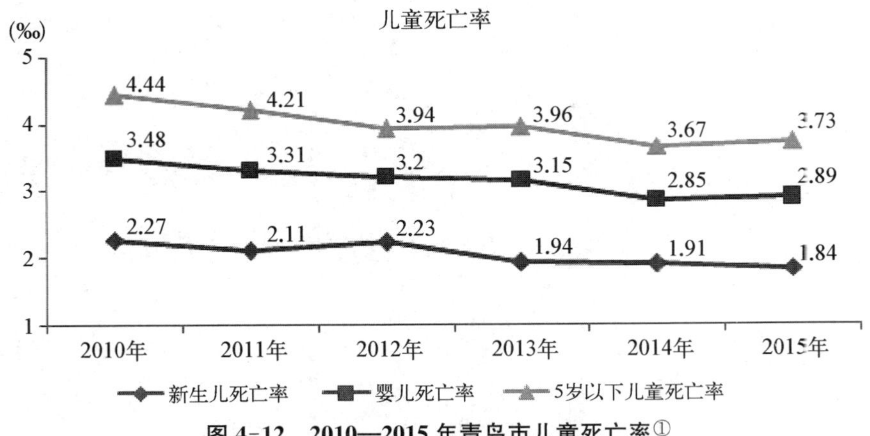

图 4-12 2010—2015 年青岛市儿童死亡率[①]

【本章习题】

1. 简述资料整理的基本过程。
2. 简述信度的基本含义。说明信度系数在什么范围内较好。
3. 简述效度的含义。高效标的条件有哪些?
4. 简述归纳分类的标准。
5. 请将下面文字中的数据分别制成统计表、方形统计图和扇形统计图:

   2016 年中国留守儿童大数据统计分析显示:不满 16 周岁的农村留守儿童数量为 902 万人。其中,由(外)祖父母监护的 805 万人;由亲戚朋友监护的 30 万人,一方外出务工另一方无监护能力的 31 万人,另有 36 万农村留守儿童无人监护。

① 摘自青岛市儿童发展状况"十二五"终期监测报告

第三篇

儿童行为观察研究与指导的实践操作

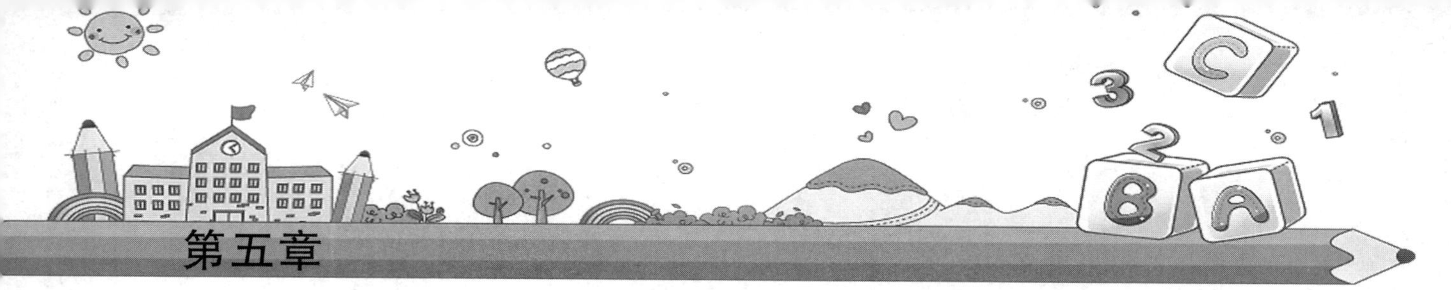

第五章

个案儿童行为的跟踪观察研究与指导

学习目标

1. 认知：了解个案跟踪观察的含义、基本步骤等。
2. 技能：掌握个案跟踪分析的基本策略，能进行个案跟踪观察研究。
3. 情感：树立科学严谨的思想意识。用发展的眼光看待儿童的成长。

经典导学

陈鹤琴：儿子就是儿童教育的“试验品”

1920年12月26日凌晨，29岁的年轻教授陈鹤琴初为人父，他的儿子出生后2秒就开始大哭，延续了10分钟，以后就是间接地哭，45分钟后哭声停止，儿子连续打了6次呵欠，渐渐睡着了。10个小时后，这个新生的男孩流出了自己人生的第一泡尿……望着自己的“杰作”，初为人父的陈鹤琴来不及兴奋，他拿着照相机，镜头对着襁褓中已经熟睡的婴儿连连拍照，然后用钢笔在本子上记录下婴儿从出生时一刻起的每一个反应。在他的记录中，儿子的哭声停止后，大约是疲倦了，便开始打呵欠，一连数次。他轻轻地伸手接触到儿子的身体……作为南京高等师范学校心理学教授，陈鹤琴对自己儿子成长发育过程作了长达808天的连续观察，并用文字和拍照详细记录下来。他天天亲自给儿子洗澡。他的实验室就是他的家；他的妻子和母亲是他的两位最得力助手；他的儿子则是他的工作“对象”“成果”与实验中心。他将观察、实验结果分类记载，文字和照片积累了十余本。作为第一手资料，成为他日后对儿童心理、儿童教育、儿童游戏和玩具、道德教育、家庭教育等方面研究、论述的重要佐证。（来源于：2011.11.4 网易教育频道专稿 http://edu.163.com/）

第一节　个案跟踪观察的概述

一、跟踪观察的基本含义

跟踪观察是一种长期的、全面的观察儿童行为发展过程的方法。如，陈鹤琴先生，从他儿子一呜出生那一天起就开始对孩子的行为和心理特点进行观察，一直到儿子18岁。这种观察活动即为跟踪观察。再如，为了了解右脑开发实验的效果，长期对实行右脑开发的孩子进行观察研究，即使儿童已经从幼儿园毕业了，仍然继续观察他们在小学、初中各方面的情况并与其他同龄儿童进行比较，只有这样，才能检验出右脑开发训练对儿童产生的影响。

二、跟踪观察的主要特点

1. 长效性

跟踪观察是对儿童行为进行的长期观察，因而研究的活动具有长效性的特点。

2. 结果可靠性

由于是在较长的一个阶段对儿童进行的观察，可以反复进行观察和比较，研究活动过程中的偶然性、片面性等因素得到了有效的控制和分析，使得研究的结果可靠程度较高。

3. 复杂、艰巨性

跟踪观察不可能在短时间内进行，需要有一个长期的过程。因而，在时间、人力、物力上的投入较多，研究的复杂和艰巨性也很高。同时由于长期的观察，随着观察对象各方面因素的变化，也会给观察活动带来许多问题。

三、跟踪观察的基本步骤

1. 确立观察目的、任务

即确立需要进行长期跟踪观察活动的对象，需要观察的具体行为表现，明确观察活动的目的。

2. 分析跟踪观察的可行性

由于观察活动需要在一个长期的时间内进行，因而需要对观察的主客观条件进行深入的论证和分析，以确定观察活动在时间、人力、物力等因素方面可行性的情况，防止由于观察活动的半途而废，而造成重大时间、人力、物力的损失。

3. 确立观察的对象

一般而言，观察对象是指某类群体、个体或某种行为特点，如右脑开发训练的跟踪观察对象就是曾受过右脑开发训练的儿童群体或个体，即观察他们的行为反应与非右脑训练儿童的差别。

4. 制定观察的计划和研究方案

由于跟踪观察是长期的观察活动，因而研究方案应分别确立长期的和阶段性的，并根据进展的情况进行不断地调整。

长期研究方案即对整个观察活动自始至终的各个活动过程的进展状况进行设计和安排。而阶段性研究计划则是在长期观察计划的指导下，对研究的各个阶段进行具体的落实和安排；长期方案和阶段方案应该相辅相成、互相照应，各个阶段方案的有效执行是长期方案实现的保证，长期方案的制定要高瞻远瞩，并且具有可调控性，根据观察活动的进展情况进行不断调整，阶段计划要具体、可行、方便操作。

5. 及时搜集整理信息

开展跟踪观察研究活动，要及时收集观察活动的信息和资料，由于观察实施的过程比较漫长，因此一定要保存好每一个观察阶段的资料，确保观察活动的完整性。

6. 不断修正调整计划

研究计划与研究活动不可能是完全一致的，在研究过程中随着研究活动的进展会出现各种各样的意外情况，因此研究活动要结合具体的研究工作不断调整，以方便活动的正常开展。

7. 得出结论

观察研究，不同于一般的感知活动，其主要原因就是观察研究是有目的、有计划的研究活动，通过搜集、整理、分析各方面的资料，要得出观察研究的结论，从而对整个研究活动做出总结，也为今后或其他的研究活动给出参考或建议。

第二节 个案跟踪分析

对个案儿童行为的分析就是要把在观察的过程中搜集的数据或资料等信息，进行归纳、整理和提炼，从而发现儿童在行为发展过程中存在的内在的、本质性的规律，以便更好地制定个别化的教育策略和方案。在对儿童行为进行分析的时候，要注意以下事项。

一、要以心理学、教育学等理论为指导

儿童既不是一张空白的纸，也不是小大人，在发展的过程中存在着自己独特的内在规律，具有主观能动性，因而，在对儿童的行为进行分析的时候，不能想当然地进行，而必须以儿童心理学、教育学等理论为指导，才能解释儿童行为表现的合理性，从而不偏离科学研究的轨道。

二、要结合儿童行为产生的情境

儿童任何行为的产生都不是孤立的、偶然的，因而对行为的分析也不能"一叶障目"或"管中窥豹"，脱离具体的情境而分析儿童的行为就会断章取义，不能全面把握儿童的发展特点，就会给儿童的指导带来障碍。因此，分析儿童的行为要在其产生的特定情境中进行。

三、要用《3—6 岁儿童学习与发展指南》为引领

《指南》把儿童的学习与发展目标、要求按不同的年龄段进行细化，对各个年龄阶段的幼儿应该知道什么、能做什么，大致可以达到什么发展水平提出了合理的期望，具有很强的操作性。对学前教育工作者的实施观察、分析和教育活动具有突出的指导性作用。所以，在对儿童行为进行分析的过程中，要以《指南》精神为引领，更好的满足儿童生活、学习、发展的需要，促进幼儿身心全面和谐发展。

四、要坚持实事求是的原则

"实事"就是客观存在的一切事物；"是"就是客观事物的内部联系，即规律性；"求"就是我们去研究。在对儿童行为进行分析的过程中坚持实事求是，就是要以儿童发展的具体行为为"实"，"不唯上""不唯权""不唯需"，是什么，就是什么，不能为了获得某种有益的结论，而人为地篡改数据，掩盖事实。

五、要了解儿童的家庭背景

家庭是儿童生存的第一个环境，每个儿童出生后，身上就深深地打上了家庭的烙印，儿童的行为是在环境中形成的，环境对儿童具有潜移默化的影响，在温馨和睦的环境中，各成员间互相关心，平等互助，儿童就能够性情稳定，乐观开朗，团结友爱，自尊自信。而在沉闷、矛盾、紧张的环境中，孩子就容易形成孤僻、冷漠、攻击等行为，所以对儿童行为进行恰当分析之前还要充分了解儿童生活成长的家庭环境。

六、要对信息进行梳理

梳理信息可以获得对整个观察活动进行情况的完整认识，填写信息表格，是梳理信息的比较好的方法，通过表格的填写，观察研究与指导的信息可以一目了然地体现出来，便于进行比较分析。详见表 5-1。

表 5-1　儿童行为观察研究分析表

<table>
<tr><td>观察对象代码</td><td></td><td>性　别</td><td></td><td>年　龄</td><td></td></tr>
<tr><td>班　　级</td><td></td><td>观察时间</td><td></td><td>观察地点</td><td></td></tr>
<tr><td>行为描述</td><td colspan="3">行为分析</td><td colspan="2">行为指导</td></tr>
<tr><td></td><td colspan="3"></td><td colspan="2"></td></tr>
</table>

第三节 个案跟踪指导的基本策略

一、要充分了解儿童的个性差异

每一个儿童都是一个独立的个体，正所谓“一花一世界，一叶一菩提”。《指南》指出：幼儿的发展是一个持续、渐进的过程，同时也表现出一定的阶段性特征。每个幼儿在沿着相似进程发展的过程中，各自的发展速度和到达某一水平的时间不完全相同。要充分理解和尊重幼儿发展进程中的个别差异，支持和引导他们从原有水平向更高水平发展，按照自身的速度和方式到达《指南》所呈现的发展“阶梯”，切忌用一把“尺子”衡量所有幼儿。所以，充分了解每位儿童的个性差异，是个案跟踪的出发点，也是最后分析问题、解决问题的落脚点。

二、结合情境分析和指导儿童的行为

每一个行为都有产生的情境，个案跟踪既要考虑行为产生的个性差异，还要结合行为产生的背景。因此在考察个案的时候，个体的生长环境、父母的教养方式、家庭的自然结构、幼儿教师的具体做法、幼儿园的即时情境等都是儿童个案行为产生的背景，脱离儿童生活的家庭背景、儿童行为产生的环境背景研究个案行为的活动就是无源之水，无本之木。

【案例】

寂寞的豆豆

今天豆豆的座位是在角落里，实习的英语老师来上课，小朋友都很兴奋，争先恐后地发言，可是豆豆举了好几次手，英语老师都没看见，豆豆一脸的寂寞。吃水果的时候，罗老师回头一看，豆豆吃得满身、满脸都是橘子水，美娜老师很纳闷，边为他擦脸，边说：“豆豆，你每次吃水果都是又快又干净，今天这是怎么啦?”豆豆偷偷露出了笑容。

每一位孩子的行为都是有目的的，而这个目的就是要吸引家长和老师的关注。今天在英语课上，豆豆多次举手，或许英语老师缺乏经验，或许由于豆豆坐在了角落里，没被英语老师看到，总之，豆豆没有被叫到回答问题，没有被关注，豆豆的需要没有得到满足。所以，吃水果的时候，豆豆故意把橘子汁弄得满身都是，这下不仅引起了来听课的罗老师的注意，就连美娜老师也大声地叫起来，连忙过来给豆豆擦衣服、擦脸，豆豆的目的实现了，哪能不开心呢。

三、以平行角色介入幼儿活动

在对儿童的跟踪指导过程中，成人要以平行的角色介入幼儿的活动，体现《纲要》“以关怀、接纳、尊重的态度与幼儿交往”的精神。耐心倾听，努力理解幼儿的想法与感受；支持、鼓励他们大胆探索与表达。要充分体现教师和幼儿的平等交往关系。作为儿童活动的“支持者、合作者、引导者、促进者”，把自己作为儿童活动的成员融入其中，并以孩子的兴趣为出发点，与儿童进行平等的对话、交流，从而为儿童活动的积极深入、经验的不断提升，起到促进作用。

四、家园互动共同引导孩子的行为

儿童的成长是各种因素相互作用的结果，《纲要》指出：“家庭是幼儿园重要的合作伙伴。应本着尊重、平等、合作的原则，争取家长的理解、支持和主动参与，并积极支持、帮助家长提高教育能力”。因而，在对个案进行指导的过程中也要充分发挥家长在教育过程中的重要作用，家园合作，共同探索引导儿童成长的方式和方法，促进儿童行为向积极健康的方向发展。

【案例】

琪琪小朋友昨天成了幼儿园的名人，因为他不但敢与杨老师发生冲突，而且还踢了杨老师。早晨，我刚到幼儿园，寇园长便跟我说了这件事，建议我到小一班去关注一下琪琪的情况。我来到了小一班，美娜老师上课的时候，我就坐在了琪琪的旁边，整个一节课，琪琪都不停地活动，我便不停地管理他，下课的时候我问琪琪："为什么上课的时候总是打扰别人?"琪琪一脸无辜地说："我要他们陪我玩!""可是上课呢，小朋友不能随便玩的。"琪琪的眼睛黯然了，区角活动的时候，琪琪蹲在角落里，一个人摆弄着一辆小汽车。我对他说"怎么不去与小朋友玩啊?""他们都不和我玩。"通过与美娜老师交流我才知道，琪琪是刚刚从中二班转过来的，到这个班级还不到一周。这下谜底便揭晓了，由于琪琪刚到这个班级，其他小朋友都已经有了相对稳定的"朋友圈"，琪琪的爸爸妈妈姥姥姥爷对孩子比较溺爱，他做事情非常强势，没有掌握与小朋友交往的技巧，所以，一时间还不能融入班集体。再加上最近两天，天天乐呵呵的曹老师有病了，每天都是不同面孔的老师帮着美娜老师带班，帮忙带班的老师都比较严厉，琪琪在这个新班级里形成了焦虑情绪，所以当有人批评他的时候，他的不良情绪便爆发了。

在这个案例中，我们如果只是在幼儿园里做琪琪的工作，收效可能是不大的，所以，还要调动家长参与教育的积极性、主动性，引导家长反思自己的教养方式、共同探讨转化琪琪小朋友不良行为的措施和方法。

案例分析

(一) 专注的乐乐

行为观察： 乐乐是一个非常聪明的孩子，对一切移动的、发声的新鲜事物都感兴趣，只是乐乐的注意力总是容易被分散，小板凳坐不到两分钟就满地乱转，老师说什么也不容易听进去，自己的要求达不到就躺到地上打滚。刚一进班，杨老师就把这位大宝贝介绍给了我。

"你好，乐乐，"我蹲下来，跟他打招呼，"欢迎我吗?"他一下站了起来，使劲地抱住了我，高高胖胖的身体立刻压到了我身上，我一下被压得坐到了地上，惹得班级的小朋友哈哈大笑。杨老师马上过来解围，跟我说，乐乐总是这样，他喜欢的老师或小朋友，常常搂着人家的脖子，让人连气都喘不上来，就为这，有的小朋友回家跟家长说了，好几位家长都反映了呢。

行为分析： 儿童情感的表达方式有很多，比如，语言交流、面部表情、肢体动作等。这些表达方式在孩子的情感发展中都具有十分重要的作用，而且又都是互相交叉，融为一体的。有一句古话叫做"话有三说，巧者为妙"。就是说，同样的一句话有不同的说法，就看谁说得巧妙。所谓巧，不仅是指说话的内容，更重要的是表达方式，也就是含不含感情色彩。对于乐乐来说，他对"我"或者其他小朋友有着积极的情感表达，就是每当他喜欢别人的时候就上来拥抱，只是在表达的强度上把握得不够，常常把别人弄不舒服了。

行为指导： 作为家长或者老师，一方面要积极肯定乐乐的热情好客，强化这种正向的情绪表现，另一方面要对他进行恰当的训练，比如将他轻轻地搂住，告诉他拥抱小朋友的时候，要这样轻轻地，要不然会弄疼小朋友。不进行矫正或矫枉过正都会带来不好的结果。

当然，每个人的情感表达都是在一定的场合内发生的，离开这种场合，任何一个人都无法把自己的情感表达训练得恰到好处。对于儿童来说训练情感表达的场合主要有 4 个：和父母及其他家人在一起的时候；家里来客人的时候；父母带着孩子走亲访友的时候；孩子在幼儿园的时候。无论哪种场合，对孩子的情感训练，都要有一个重要前提，那就是家长、老师和孩子必须有十分融洽而平等的关系，以及在这种平等关系基础上建立起来的和谐融洽的家庭关系和班级气氛。没有这种关系和气氛，孩子的情感表达方式是很难训练出来的。

(二) 专"情"的乐乐

行为观察： 今天乐乐来得非常早，终于坐到了自己心仪的女孩—蒋欣身边，幸福之情难以言表，只是歪着头，瞅着蒋欣的脸一遍遍地喊：蒋欣，蒋欣，蒋欣……(我想，如果是成人，一定会被这饱含爱意的呼唤融化掉的)可是蒋欣并不买他的账，他每喊一遍，蒋欣都会捂着耳朵恶狠狠地说"讨厌、讨厌、讨厌……”我走过去问蒋欣：“为什么讨厌乐乐？”蒋欣乐呵呵地说：“我逗他玩呢！”多么可爱的孩子啊！课间孩子们与中二班进行混龄音乐游戏，要求男生一排，女生一排，乐乐可不管那一套，他站到了蒋欣的身后，晶晶老师一遍遍地喊：“乐乐，回到你的位置。”乐乐一点也不在乎，我走到乐乐身边，拉起他的手问他：“老师让女孩站在这里，乐乐是男孩还是女孩呢？”乐乐不情愿地回到了自己的位置，可是整个活动过程中，乐乐的眼睛都在蒋欣身上，只要老师不注意，他就立马跑到蒋欣身边，不管蒋欣与谁在一起，他都会霸道地把人家分开，弄得好几个小朋友都不高兴，蒋欣也没玩好。

行为分析：《3—6岁儿童学习与发展指南》指出：幼儿社会领域的学习与发展过程是幼儿社会性不断完善并奠定健全人格基础的过程，主要包括人际交往与社会适应。幼儿阶段是社会性发展的关键时期，良好的人际关系和社会适应能力对幼儿身心健康发展以及知识、能力和智慧作用的发挥具有重要影响。幼儿在与成人和同伴交往的过程中，不仅学习如何与人友好相处，也在学习如何看待自己、对待他人，不断发展适应社会生活的能力。对于大班的孩子在社会交往上应该达到：有自己的好朋友，同时也具备喜欢结交新朋友的能力。但是对于乐乐来说，他的好朋友是自己一方情愿，对儿童来说，良好的同伴关系是双向的、互惠的、合作的关系。乐乐没有办法吸引蒋欣维系与自己的友好关系，所以总是遭到蒋欣的排斥。

行为指导：作为家长或老师，我们一方面要看到乐乐的社会交往的需要，积极肯定他的表现，为他的发展创造积极、开放的交流环境，同时指导他掌握交往的方法和技巧，帮助他学会正确交流和合作的方式、方法。

（三）好奇的乐乐

行为观察：乐乐喜欢一切有声音的、活动的东西，杨老师说班级的音箱不知被乐乐摔过多少回，他总是趁老师不注意的时候，悄悄地溜到音箱那里，摆弄起来没完。这不，今天的音乐游戏活动中，中二班的高老师拿了一个小巧的音箱，乐乐两眼发光，一直盯着看。小朋友们一个个地牵着手走圆圈，乐乐趁老师不注意，一下钻过去爬到了音箱旁边，高老师只好把音箱装到自己的裤兜里，乐乐不依不饶地抱着高老师，又是亲又是搂的，直到高老师拗不过他，说那你看看吧，可别弄坏了，只见乐乐一手抱着音箱，一手“嗖”的一下从高老师兜里掏出了一个优盘，在音箱旁边反复地找插口，老师们都面面相觑，“这孩子啥时候发现优盘的啊”。

行为分析：好奇心是孩子最强烈的心理活动。一个孩子是否具备好奇心，往往表示其思维是否活跃、心灵世界是否敏感和丰富，这关系到孩子的成长、成才。爱迪生虽然在学校被认为“笨蛋”“傻瓜”，无法完成正常人的学业，但他对世界充满好奇，一生发明无数，像留声机、电灯、有声电影等，这些发明使人类进入到一个崭新的生存境界。法布尔正是由于对昆虫近乎痴迷的好奇，使他克服一切困难，最终成为伟大的昆虫学家。可见，好奇是儿童行为的动力，好奇、好问能促使儿童像海绵吸水一样去寻求知识，引导儿童细心观察世界，进行新的创造。

行为指导：鼓励孩子好奇、好问，积极培养孩子的好奇心，是开发儿童智力，发展儿童创造力的基础工程。尤其要正确对待孩子因好奇心而导致的破坏行为。孩子本无“破坏”的本意，我们看似的“破坏”行为是孩子的一种探索，他并不知道，这样会伤到这件物品。所以，从某种角度来看，“破坏”是创造与发现的前提和基础，创造最需要敢于“破坏”与能够“破坏”的勇气、信心与环境。

作为一名合格的老师和家长，遇到类似情境，最好的做法不是制止他们、呵斥他们，而是欣赏，甚至支持孩子们的某些“破坏”行为，使他们在“破坏”与“不拘束”中学会思考，学会探索，学会创造，让他们的创造力得到更大的发挥，让他们的求知欲、好奇心与创新思维得到更多的锻炼，呵护这份信心、好奇和勇气。我们可能失去一些财物，但是最终收获的却是一个聪明的富有创造力的孩子，一个能够为自己创造未来的孩子。乐乐不仅有好奇心，而且表现得还很强烈和专注，为此家长一定在保护好奇的同时多为他提供可以进行探索的素材，比如把自己家或别人家不用的电器都集中起来，为他营造一个探索的空间，同时注意引导他进行积极、深入的探索，把他的好奇心迁移到对知识的获得上来，学会运用知识解决探索过程中遇到的问题，还要注意教给孩子探索的方法，指导他把好奇心变成科学的发现。

（四）怅然若失的乐乐

行为观察：今天蒋欣没来，我一进班级乐乐便跑过来向我报告，我问他："那乐乐今天和谁一起玩呢？"乐乐靠在我身上嘴里含着手指头，没吱声。"我们与别的小朋友玩吧，大家都喜欢乐乐呢。"乐乐讪讪地走开了，那种无精打采的样子看了让人心疼。又到了音乐游戏的时间了，男孩女孩配对牵手，乐乐站在旁边发了一会呆，就走到了女孩跟前，虽然没那么兴奋，但也能够和几个女孩子一起牵着手，把游戏进行完。

行为分析：首先值得肯定的是乐乐交友的专一性，他能长时间地把自己的注意集中到蒋欣的身上，让我们看到了他专注的情感，为他情感的专一性而感动。同时，我们不禁想起了电影《小人国》镜头里的辰辰和南德：4岁的小女孩辰辰，每天早上都在幼儿园门口，等待她的小伙伴南德。这样的等待持续了整整一年，一天也没有间断过。南德的妈妈担心他长时间与辰辰在一起，容易变得女性化，就给他转园了。南德走了之后，有近两个月，女孩辰辰每天等在教室门口，不进屋，有时也不吃东西。她明明知道南德不会来了，但还是在那儿等着。南德特别招女孩子喜欢。在新园也是如此。他到新园当天，就又交了一个女孩子做好朋友。那个女孩比辰辰更直白，拉住南德的手就不放。旁边有个男孩就评论说：我看出来了，你爱上了南德，但南德没爱上你。你们这个恋爱应该现在不谈，长大了再谈。再往后，辰辰所在的新园，一天有个大男孩像她一样，在门口守着，手里拿着一堆好吃的。辰辰一到，大男孩"啊"的一声就跑过去接她。然后这两人就在一起玩了。这种亲密的关系一直持续到他们幼儿园毕业。

行为指导：我们总是说要了解孩子，但说起来容易，做起来却非常困难。每个孩子，都是一张对成人的考卷，有时候我们在孩子面前，更显得一无所知，像个傻瓜。但无论怎样属于我们成人该做的一定要做到，就像《指南》中说的：创造交往的机会，让幼儿体会交往的乐趣。如利用走亲戚、到朋友家做客或有客人来访的时机，鼓励幼儿与他人接触和交谈。鼓励幼儿参加小朋友的游戏，邀请小朋友到家里玩，感受有朋友一起玩的快乐。

幼儿园应多为幼儿提供自由交往和游戏的机会，鼓励他们自主选择、自由结伴开展活动。

（五）进步的乐乐

行为观察：今天的音乐课上，晶晶老师用多媒体教小朋友唱歌，优美的画面，动听的音乐，一下就把乐乐吸引住了，他全部的注意力都倾注到了音乐上，身体朝着多媒体的方向努力倾斜着，脖子伸得长长的，眼睛都不眨一下，手里的笔早已经停了，再也不是那个上课爱溜号，随地乱转的小魔头了。杨老师和我在门外观察着，掐着时间，5分钟过去了、10分钟过去了，乐乐的注意状态甚至超过了其他小朋友，在12分钟的时候，音乐停了，换了朗诵的声音，乐乐的注意力开始分散了，不过杨老师已经很高兴了，连声说："乐乐的进步真不小！"是啊，要知道，这进步里饱含着老师多少的辛苦和心血呢。

行为分析：人的注意是心理活动对一定对象的指向和集中，既有选择的过程，又有深入专注的过程，人在高度注意的时候是有一些外部表现的，比如：会产生适应性的运动，无关动作停止了，呼吸和眨眼这些生理性的反应也变得缓慢了，生怕由于自己喘气或者眨眼而错过了该听的、该看的，这节课乐乐的表现就是进入了高度注意的状态，对大班的孩子来说，注意力可以稳定10—15分钟，由此可见，乐乐的注意力稳定性发展得并不弱，以往的课堂上注意力不集中，是因为他对学习的内容不感兴趣，可见兴趣是最好的老师。

行为指导：生活和学习中家长和教师要注意乐乐的这个兴趣点，安排活动的时候尽量多加入些音乐的元素，从而激发他学习的兴趣，调动他学习的积极性。

【本章习题】

1. 简述个案跟踪的基本含义。
2. 列举个案跟踪的基本步骤。
3. 简述个案跟踪的基本内容有哪些。
4. 试述个案跟踪的基本策略。
5. 选择一个能够进行长期跟踪的儿童作为研究对象，进行跟踪并撰写跟踪记录。

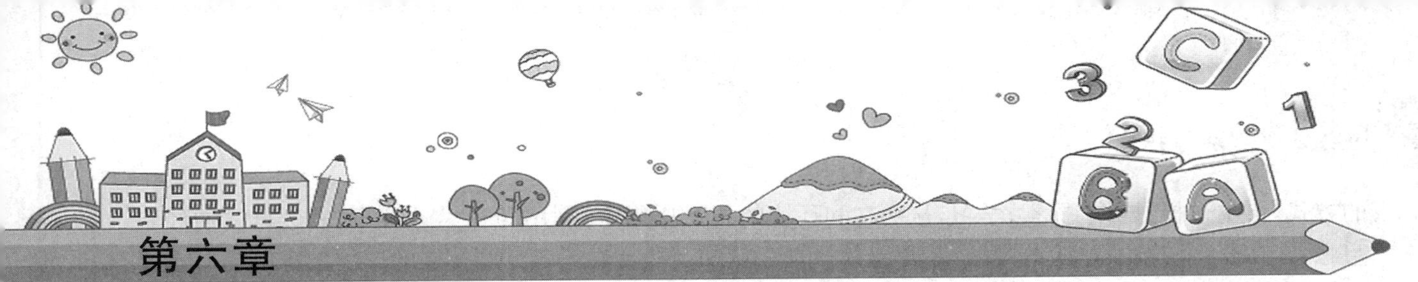

第六章

区角活动中的儿童行为观察分析与指导

学习目标

1. 认知：了解区角活动基本含义、类别、基本特点；明确区角活动对儿童发展的意义、实施步骤。
2. 技能：初步具有找准介入时机，指导儿童区角活动的能力。
3. 情感：激发对本章内容的学习热情，树立正确的游戏观和教育观。

经典导学

过家家只是闹着玩？

早先印书，都是把书刻在整块整块的木板上印。听说师兄毕昇发明了活字印刷，印刷效率一下子提高了几十倍，师弟们纷纷向师兄取经。毕昇一边演示，一边讲解，毫无保留地把自己的发明介绍给师弟们。师弟们禁不住啧啧赞叹。一位小师弟说："《大藏经》5 000 多卷，雕了 13 万块木板，一间屋子都装不下，花了多少年心血！如果用师兄的办法，几个月就能完成。师兄，你是怎么想出这么巧妙的办法的？""是我的两个儿子教我的！"毕昇说。"你儿子？怎么可能呢？他们只会'过家家'。""你说对了！就靠这'过家家'。"毕昇笑着说，"去年清明前，我带着妻儿回乡祭祖。有一天，两个儿子玩过家家，用泥做成了锅、碗、桌、椅、猪、人，随心所欲地排来排去。我的眼前忽然一亮，当时我就想，我何不也来玩过家家。用泥刻成单字印章，不就可以随意排列，排成文章吗？哈哈！这不是儿子教我的吗？"师兄弟们听了，也哈哈大笑起来。

虽然毕昇两个儿子的过家家游戏并不是导致毕昇发明活字印刷的决定因素，但从这个小故事可以看得出来，早在中国的古代孩子们就开始玩过家家游戏并一直延续至今。苏联心理学家维果斯基认为，根据 5 岁儿童在玩过家家时体现出的想象力能够更好地预测他们将来的学习成绩，包括数学和语文，这是因为过家家的游戏可以让孩子学习如何调节自己的社交行为。随着人们认知水平的提高，"过家家"游戏也以另外一种形式走进了幼儿的教室——区角活动。那么，什么是区角活动？区角活动除了"过家家"还包括哪些种类呢？

第一节　区角活动概述

一、基本含义

区角活动，也称为区域活动或活动区活动，是指"教师利用游戏特征创设环境，让幼儿以个别或小组

的方式，自主选择、操作、探索、学习，从而在和环境的相互作用中，利用和积累、修正和表达自己的经验与感受，在获得游戏般体验的同时，获得身体、情感、认知及社会性等各方面发展的一种教育组织形式。”

对幼儿而言，区角活动是一种开放性的、低结构性的活动，幼儿可以以自己的兴趣、需要、意志为导向自主活动，活动的内容、时间、节奏、顺序以及活动的伙伴、规则等都可由幼儿自己决定或与同伴商量、协调，在摆弄与操作、探索与发现、交流与询问等过程中实现和生成活动。

对教师而言，区角活动是教师基于对幼儿兴趣与需要的了解，并能反映一定教育价值而组织的活动。教师将自己的主导作用通过环境创设、材料投放、活动内容与形式的建议、伙伴间的影响等来加以渗透。与过去那种灌入式的计划活动不同，它需要教师时刻追随幼儿，通过观察幼儿活动过程，了解活动结果，调整活动方案，使区角活动的内容和材料更好地定位在幼儿的最近发展区上，进而更有效地去推动幼儿的自主学习和经验提升。

二、分类

区角活动很好地为幼儿提供了各种机会以及一个适合他们发展的活动舞台，常见的区角有：

角色游戏区：娃娃家、医院、超市、银行、理发店等；

表演游戏区：童话剧等；

建构游戏区：拼搭、构建；

语言游戏区：阅读、讲述、创编故事；

手工游戏区：绘画、手工、泥塑、剪纸；

益智游戏区：拼图、串珠，数学、科学材料操作；

科学探究区：种植、养殖、实验探索等。

三、特点

1. 自主性

区域活动一般采用自选游戏的组织形式，注重让幼儿自选、自由地开展游戏活动，充分发挥游戏的自主性特点，不论是主题的确定、玩具的选择、玩伴的选择、语言的运用、动作的展示等游戏过程的各个环节都自主地进行。

2. 教育性

区域活动虽然有其自主性，但并不是幼儿完全自由自在、不受控制的活动区域，它有其鲜明的教育性，但这种教育性比较隐蔽，主要体现在幼儿在游戏的过程中对材料的操作上，对区域规则的遵守上，以及在与伙伴们的相互交往中产生的积极体验，通过轻松愉快的活动过程，促进其身心得到发展，实现游戏本身的教育价值。例如：角色游戏区（娃娃家、小餐厅等）最重要的教育性在于它有助于幼儿学习社会性行为，发展交往能力；结构游戏区的教育性主要在于能够促进幼儿的创造性思维和手部动作的发展，培养幼儿的手脑并用等等。

3. 实践性

不管是哪种类型的区域活动，都要通过幼儿的具体实践活动才能实现它的教育性。区域活动是非常具体的活动，有角色、有动作、有语言、有玩具材料，幼儿在活动中只有身体力行，实际练习才能发展自身的各种能力。

四、区角活动的意义

1. 区角活动为孩子认知发展提供了良好的心理环境

区角活动为孩子提供了自由开放的空间，孩子们在属于自己的世界里感受、发现和创新。好动是幼儿的天性，心理学研究证明，手的动作和思维活动有直接关系，人在动手时有关信息从手传到大脑，又由大脑传到手，动手是动脑的外观，动手又能支持脑的积极活动，手巧心灵，心灵手巧，在玩玩做做中幼儿智力得到了开发。在区角活动中，幼儿在不断地主动地操作材料的过程中获得信息、积累经验和发展能

力，通过做做、玩玩、看看、想想等进行知识技能的学习。实践证明：幼儿都是从物品通常的使用方法基础上发现其特性和功能，甚至创造出新的作品，孩子们在自己的小天地里探索、求知、操作的欲望得到满足。通过区角活动，幼儿的观察力、动手操作能力、语言表达能力、想象创造力、独立思考解决问题的能力等都得到很大程度的提高。

2. 区角活动为孩子体验不同的情绪情感提供了条件

在区角活动中，孩子们可以通过商讨和按自己的意愿选择角色，在扮演角色的过程中体验快乐和满足，在反映社会生活的同时，表达、体会着不同的情感。在照顾娃娃时想象表现并体验父母对孩子的呵护；做医生时细心照顾病人；做服务员时耐心热情地接待顾客；做爸爸时礼貌接待客人，学习做菜打扫卫生等等，区角活动无形中使孩子增强了自我意识和群体意识。

3. 区角活动为培养孩子良好的个性品质提供了机会

区角活动是自由但有规则的活动，“自己的事情自己做”，看似简单，但对于在家的小皇帝们小公主们却是一次不小的考验。在角色区，孩子们学习自己做饭、整理家务……每次区角活动结束，都由孩子们自己整理，经过锻炼，孩子们学会了生活，学会了学习，学会了自我服务和服务他人等等。如，在理发店游戏中，有三个孩子都想当理发师，可是理发师只能有两个，怎么办呢？孩子们只好自己商量，或者改变角色，当理发师的小助手等；或者采用轮流的方法解决矛盾，在这个过程中，孩子学会了等待，学会了合作，学会了相互协调。他们借助于游戏营造一种类同于社会的氛围来解决需要与现实之间的矛盾，以达到对现实生活的体验和感悟，消除紧张，满足好奇心。通过互相交往，互相合作，共同商讨，提高孩子处理问题、解决问题的能力，同时还有效促进了孩子良好个性的发展。

五、实施步骤

1. 区角介绍，常规提醒

考虑幼儿本身的身心发展特点以及幼儿之间的差异性，对区角进行合理的创设，是区角活动实施重中之重，因为这是幼儿展开游戏的起点。幼儿园区角活动虽然种类多，包括角色区、表演区、建构区、手工区、阅读区等，但在环境创设上对区角数量和种类没有严格的要求，具体还要根据地域、幼儿的能力水平、兴趣等特点创设。如果有新的区角创设完成，需要教师在幼儿进入活动区之前做区角介绍，如，新区角的名称、功能等。区角活动是幼儿自主的选择性活动，但也需要有一些约定俗成的规则来协调幼儿之间的关系，协调幼儿与环境的关系。同时将规则以游戏与暗示的形式融合在活动过程中。教师要因人、因问题、因游戏的进程灵活运用此类技巧，保障幼儿活动的基本权利，提升幼儿自我管理的积极性和学习能力。

2. 自主选区，规则养成

区角活动区不同于集体教学，它是基于关注幼儿的个体差异而产生的，是幼儿的自由活动区，因此幼儿选择哪个区角活动是幼儿的自由，但这里所说的自由是有规则的自由，只有有规则的自由，才是真正有秩序合理的自由。在幼儿选择区角的时候，就应该要求幼儿自选和教师指定相结合，以免幼儿偏区，喜欢哪个区，就仅仅只是在一个区角里面活动。幼儿不同于成人，他们的同伴模仿能力特别强，当一个幼儿选择进一个大家比较喜欢的区角的时候，其他幼儿可能就会“跟风”，这样不仅不利于幼儿自身的发展，也会影响班级其他幼儿进入该区进行活动。区角活动中，要求教师根据本班幼儿的情况，和幼儿一起制定合理的规则。比如语言区的规则如下：每次进区只能6位小朋友同时进入，并插入进区卡；正确翻阅书籍，不可以故意损坏书籍，轻拿轻放；幼儿可以进行谈话活动，交流阅读后的感受与体会；阅读完毕请把书籍放回原处并摆放整齐，取出进区卡。

3. 自主游戏，观察指导

组织幼儿进入区角自主游戏，这是区角活动的核心部分。区角活动对幼儿来说，本身就是一种自由活动，幼儿可以决定玩什么、和谁玩，充分自主地活动，但这并不代表教师可以放任幼儿，因为在活动过程中幼儿本身、幼儿与材料之间、幼儿与同伴之间会遇到各种各样的问题，这时教师的主要任务是观察分析和指导，看看幼儿对材料是否感兴趣，是否会玩？哪些材料适合怎样能力的孩子？可以提供哪些不同层次的材料？幼儿游戏时是否需要介入，并思考以哪种形式介入等等。这一阶段，教师如何适时地介入幼儿的活动、鼓励并引导幼儿进行探索和思考对教师来说是一个挑战。“教师应该接住幼儿抛过来的球，并给予回应”。这就要求教师根据自己对幼儿的了解和以往工作经验并结合当前所做的观察，有效分析判断幼儿什么情况下需要帮助，教师应该以什么样的方式进行回应，在不改变任务难度的情况下，帮助幼儿达成目标，获得成就感。

4. 收拾整理，游戏评价

活动的结束可以设置一定的信号，如一段优美的音乐，让孩子听到音乐时要收拾玩具并放到原来的地方。在开展区角活动后，对幼儿进行适度的游戏评价，能够有效地提升幼儿的主观意识，加强体验和感受，并且学会分享，促进幼儿学习愿望和兴趣的激发，并且明确行为的规范性以及活动的规则，帮助幼儿的个性更好地发展。一般小班幼儿以教师评价为主，中大班的幼儿可以自我评价、同伴评价和教师评价相结合，比如说说“今天我玩了什么？我有什么收获？在活动中我碰到哪些困难，又是怎么解决的？”等等。

第二节　区角活动的指导策略

区角游戏是幼儿自愿自发的游戏活动，活动的目的不指向外部，不指向结果，幼儿在游戏中获得需要和愿望的满足，这才是幼儿追求游戏的根本目的之所在。因此教师介入指导的前提是观察解读幼儿的游戏行为，思考介入是否有效后适时地帮助幼儿发展并延伸游戏。

一、游戏前根据幼儿的兴趣和需求创设隐形的指导环境

1. 学会观察，是指导区角活动的前提

教师要指导幼儿进行区角游戏，首先要了解幼儿。要了解幼儿，就需要对幼儿进行观察。教师进行观察的目的是为了准确地了解幼儿在活动中的需要和表现，因此观察要有连贯性。教师可采用整体观察的方法，如整体观察幼儿的活动，了解投放的材料是否符合幼儿的年龄特点、是否为幼儿所喜欢、是否能促进幼儿的发展等。在观察过程中，不但要注意幼儿做了什么，更要了解幼儿是怎么做的。还可采用个别观察的方法，如小班幼儿自我解决问题的能力弱，社会交往能力差，因此教师就应特别注意观察还没找到感兴趣活动的幼儿，或者幼儿是如何进入某一个区角的等等。只有认真地观察幼儿在活动中的一言一行，教师才会有新的发现，才能为指导提供素材，才能为幼儿创设一个宽松、自由、探索的活动环境。

2. 合理分配区角

区角的选择需要师幼共同参与创设，每个区角的设计要新颖、创新，尽量做到多样化。区角的设置不仅要考虑本班幼儿的年龄特点、能力和兴趣，还要考虑到地域性，要让活动区兼顾艺术性、教育性、发展性、多样性。就幼儿的能力来说，不同年龄阶段的幼儿和同一年龄阶段的不同幼儿水平发展有较大的差异，“儿童的发展具有差异性，这种差异性既体现为不同于成人的群体性差异，又表现为儿童群体内部的差异”。在选择主题时，应当依据幼儿现有的发展水平，在符合幼儿“最近发展区”的条件下选择主题。托、小班幼儿进入幼儿园时间较短，适应幼儿园的集体活动和生活的能力还需提高，主要的教育重点放在情感培养、动作发展、规则养成，宜多开设建构区、角色游戏区等；而中、大班幼儿入园时间较长，教育重点转向探究能力、思维能力以及解决问题的能力，因此适宜多开设探索和学习性区角，多增设科学区、数学区、益智区等。随着幼儿年龄的增长，水平的不断提高，同一区角主题的内容选择难度应由浅到深不断变化。以角色游戏区为例，不同年龄的班级角色游戏区的内容也有所不同，小班幼儿入园时间短，入园焦虑现象比较严重，在角色游戏区的内容选择应以娃娃家、超市为主。例如小班幼儿普遍喜欢的“娃娃家”主题的区角游戏，教师应当在教室中单独划分出一部分相对封闭的区域，营造一种“家”的空间感，更重要的是“娃娃家”中相关设备的摆放与排列应尽量符合家庭生活的日常习惯；进入中班后，幼儿的社会交往能力、合作能力变得更为重要，幼儿的自身社会经验比较丰富，角色游戏区的内容可以设置

为医院、美发店、练歌房等场所；进入大班后，角色游戏区的内容难度加深，幼儿分类、数理逻辑方面的能力在角色游戏区可得到发展，可以选择银行、邮局一类的主题内容。

3. 适时调整投放材料

区角游戏区的游戏材料长期得不到更换容易使得幼儿的游戏兴趣降低，导致游戏水平停滞不前。这个时候教师尽可能地为幼儿的区角游戏区提供有意义的材料，由于结构性材料的结构性较强，为幼儿留下的想象和创造的空间较小，区角游戏本身又具有“扮演”的特点，所以在提供游戏材料时要尽量投放非结构性的材料，为幼儿提供自由想象的游戏空间，实现教师的隐形指导。在区域活动中，幼儿是与教室里投放的材料发生互动、拓展游戏情节的。只有幼儿与游戏材料发生有效互动，游戏材料的功能才能得到最大程度的发挥，话说回来，想达到这样的目标，丰富有意义的材料投放及更新是达到目标的有效途径。材料的投放要照顾到不同幼儿的能力差异，既要符合幼儿的年龄特点和游戏需要，同时鼓励引导幼儿自制玩具材料，最后还要考虑幼儿收拾玩具的便利。

4. 创设活动规则

无论是活动前还是活动后创设相应的游戏规则都有利于活动的展开，比如，在进入区角的时候，教师在尊重幼儿个体兴趣时，也要顾及幼儿全方位的发展与其他幼儿的需要。对区角里的人数有所规定。因为区角的空间有限，只能容纳几个幼儿在一个区角内进行活动。那么教师在幼儿选择进入区角的时候，可以让幼儿实行插卡进入，看到人数满了以后自行换一个区角进行活动。这样不仅可以培养幼儿的规则意识，也可以在无形中学习到相应的数学常识。

二、游戏中尊重幼儿需要，适时介入指导

区角是幼儿自主自愿的游戏活动，所有的介入都应在细致地观察后，以幼儿的需要为指导契机，提出有针对性的建议和指导。在指导的过程中教师的定位应该是信息的导航者、兴趣的激发者、愿望的支持者、关系的协调者。常用的介入游戏的方式有：平行式介入法、交叉式介入法、垂直式介入法。

平行式介入是指教师在幼儿四周，和幼儿玩相同的或不同的游戏材料，目的在于引导儿童模仿，教师起着暗示指导的作用。当幼儿对新玩具材料不感兴趣、不会玩，或不喜欢玩时，或只喜欢玩某一类游戏，而不喜欢玩其他游戏时，教师可以用这种平行介入的方式进行指导。教师一般以平行角色的身份或教师的身份来参加游戏。

交叉式介入是指当幼儿有教师参与的需要或教师认为有指导的必要时，由幼儿邀请教师作为游戏中某一角色或教师自己扮演一个角色进入幼儿的游戏，通过教师与幼儿、角色与角色间的互动，起到指导幼儿游戏的作用。当幼儿处于主动地位时，教师则扮演配角，根据幼儿的游戏行为作出反应。如果教师认为有必要对幼儿游戏加以直接指导，则可以根据游戏情节的发展，采用提问、建议、启发等游戏指导的方法来介入。例如，提问：“我想做一顶假发，可以用什么东西来做呢？”（引导幼儿使用替代性材料）“可以用什么办法和你的邻居打招呼？”（发展游戏情节）游戏中的“提问”尽量使用开放式问题，目的是培养幼儿发散性思维。建议：“娃娃生病了，你们带他去看医生了吗？”（帮助幼儿解决困难）“超市的饼干卖完了，你们可不可以开个食品加工厂？”（协助幼儿提出新的游戏主题）“你今天要当师傅了，我带来一个实习医生，给你当助手好不好？”（协助分配角色）教师在“建议”时，一定要使用协商式的语气。启发：“要是有什么办法使你们两个人都可以留在果果家玩就好了。”（启发幼儿思考）幼儿在区角游戏中会出现上述各种各样的问题，这些都是下一步发展新的游戏主题和游戏情节的契机，教师要耐心细致地观察幼儿扮演角色的进展情况，敏锐地捕捉教师介入的时机。

垂直式介入是指在幼儿游戏中如果出现严重违反规则、攻击等危险行为时，教师则以教师的身份直接进入游戏，对幼儿的行为进行直接干预。主要表现在约束纪律、提出要求、解决矛盾，其中也包括制止幼儿在使用材料上出现的一些不当做法。

三、游戏后自然结束，做好评价

在愉快自然的状态下结束区角活动是游戏后不可忽略的重要环节，良好的结束有利于保持幼儿下

次继续游戏的积极性。通常两种情况下结束游戏：第一种是游戏情节开展得比较顺利，幼儿情绪尚未低落时；第二种是游戏情节再往下发展下去有困难时，提醒幼儿结束游戏以免产生倦怠感。游戏结束之后，制定相应的整理规则，让幼儿主动收拾区角里的工具和玩具。让他们养成一个良好的习惯，从哪里拿就放到哪里去。也可以让幼儿进行协商，共同整理玩具，培养幼儿的人际交往能力。

区角游戏结束时，教师需注意对幼儿的游戏进行活动评价。教师可以对幼儿执行游戏规则的情况作小结，对积极的行为予以肯定和表扬，对游戏活动的质量予以评价鼓励，如幼儿有哪些新玩法新创意等。教师还要注意进一步提出下一次深入开展游戏的新要求，激发幼儿下次游戏的欲望和兴趣。同时对于幼儿游戏中出现的一些问题，如规则方面的问题，教师可正面引导，明确认识以寻求改进的措施。对于中、大班幼儿，教师可以鼓励幼儿介绍游戏过程，进行自我评价，发展幼儿的自我意识，教师还可以鼓励幼儿互评，相互交流游戏的经验体会。

案例分析

案例1：角色游戏区之“厨房学徒”

行为观察： 以“餐厅厨房”为主题的角色游戏正如火如荼地进行着，茗茗用期待的眼神一直站在“插卡处”望着，难过得想哭。“茗茗你是不是也想当厨师?”“嗯。”“可厨房的人已经满了，明天茗茗早点来插卡好吗?”“可妈妈今天过生日，我想为她学做她喜欢的饭菜。”看来，无论如何都不能拒绝茗茗了，我牵着茗茗走到正在做菜的辰辰旁：“辰辰，你现在都是大厨了，我今天给你带来一个学徒，让你充分发挥大厨的功能好不好?”辰辰听了这话欣然答应了，连忙把茗茗拉到身边，“来，我教你，这个是胡椒粉，这个是……”看到他们忙得不亦乐乎，我默默地走开了。

行为分析： 幼儿园区角活动开展时，常常会规定各区角的人数，旨在让幼儿有序地开展游戏并培养幼儿的规则意识，但人数的限制也会无法满足个别幼儿游戏的愿望。本案例中，教师通过观察及时发现问题，找准介入时机，巧妙地设计角色和情节化解矛盾，既合理地满足了孩子的游戏愿望，又通过丰富游戏的内容和情节，提高了游戏水平。

行为指导： 幼儿角色游戏过程中，需要在尊重幼儿的主体性原则的基础上进行科学指导。“角色的分配”问题是幼儿角色游戏常见问题之一，当遇到这类问题时教师可在观察的基础上采用建议的方法协商解决问题，如案例中教师的做法就很合理。通常为了让每个幼儿达到均衡发展，除了常规分配角色的方法，如自主选择、猜拳、轮流等外，在幼儿开始游戏之前，教师可以利用一些小技巧，让游戏具有针对性和公平性。例如对于性格安静内向的幼儿，教师可鼓励他们去扮演活泼的、活动性强的角色，如警察、医生、厨师等；而对于外向的、活动性过强的幼儿则建议他们扮演一些需要耐心的角色，如门卫、收银员等。如此，总处于支配或被支配地位的幼儿可以通过角色的互换发展良好的个性。

案例2：表演游戏区之“狐狸的不同结局”

行为观察： 表演游戏区，几名幼儿正张罗着“小熊请客”童话剧，这时就听沐沐说：“我不想当狐狸，要不菁菁当狐狸吧。”“我也不想当狐狸!”菁菁喊道。幼儿们陷入纷争中……

行为分析： 幼儿谁都不愿意饰演又懒又馋、遭人骂还挨人打的狐狸，因为幼儿期的道德发展还处在“他律道德”，此阶段的儿童把公正和规则看作世界上不可改变的特性，不被人们所控制，会认为“扮演坏人就是坏人”。

行为指导： 教师此时可介入，引导幼儿讨论：“怎样才能让狐狸有个好结局?”幼儿选择了三种方式改变狐狸的命运。第一种：小动物们要求狐狸为森林做一件好事后，就原谅了它，请它到小熊家做客；第二种：狐狸呜呜地哭了起来，小动物们听到哭声就原谅了它，并要求它改正错误；第三种：狐狸知道小动物们最喜欢吃森林里的红苹果，就提着篮子摘了很多大红苹果送给小动物们。通过讨论，不仅解决了角色分配问题，还引导幼儿进行了游戏创新，同时幼儿的道德意识发展更进了一步，可谓一举多得。

案例3：建构游戏区之“失落的瀚瀚”

行为观察：李老师今天带领幼儿搭积木，今天的主题是“我的幼儿园”，幼儿搭建的过程中李老师在教室流动观察中发现，幼儿的搭建热情并不是很高。突然李老师被瀚瀚搭建的半成品所吸引，她蹲下来问瀚瀚：“你搭建的是什么呀？”“羊圈。”本来李老师就因为孩子们的热情不高正在气头上，瀚瀚还搭建了一个跟今天主题完全无关的内容，“哪来的羊圈，看看其他小朋友都在做什么？”随即李老师走向了下一位小朋友。

行为分析：幼儿的游戏是对现实生活的反映，它源于社会生活。游戏能够将幼儿带入假想的成人世界，幼儿在游戏中可以尽情地重演成人世界的活动。他们不受成人的约束，不受时间和具体条件的限制。任何一种游戏材料都可以赋予其无限的想象，并根据游戏的需要和游戏材料的特征改变其原有的用途而运用到游戏中去。通过了解，案例中的瀚瀚原来是将最近跟爸爸妈妈去农村爷爷奶奶家的经历迁移到游戏中，通过搭建的作品将事物进行还原。其实不论是区角的积木区还是角色等其他游戏区，你会发现幼儿总会探索出很多不在教师想象范围内的游戏。这就需要教师通过观察、交流关注幼儿的兴趣，及时调整活动内容，形成正确的游戏观、教育观。

行为指导：《幼儿园教育指导纲要(试行)》中提到：“教育活动的组织形式应根据需要合理安排，因时、因地、因内容、因材料灵活地运用。”教师可蹲下来问瀚瀚：“你搭建的是什么呀？”“羊圈。”继续询问：“你为什么搭羊圈呢？”“我之前跟爸爸妈妈去农村看到羊圈，有很多羊在里面……”李老师就会恍然大悟，不会再继续要求幼儿搭建“幼儿园”，而是和瀚瀚一起商讨羊圈搭建的技巧和要点。

案例4：语言游戏区之“摇摆不定的孩子们”

行为观察：今天阅读绘本的过程中，总是有几个小朋友这儿看看，那儿看看，总是无法安心阅读自己手中的绘本。看不一会儿就有小朋友喊：“老师，我想看她手里的那本。”没过几分钟又开始喊，安静舒适的阅读环境不复存在。

行为分析：一般而言，小班幼儿的有意注意只能保持3—5分钟，中班幼儿能保持10分钟，大班幼儿能保持15分钟左右。幼儿园的幼儿年龄越小，注意力越不稳定，容易分散，自控能力也较弱，想要让他们安静地坐下来看绘本，还真不容易。但是我们可以根据幼儿的年龄特征和兴趣、爱好等，选择适合他们年龄段的绘本，通过开展多种形式的阅读活动，促使幼儿对阅读产生浓厚的兴趣，并形成良好的阅读习惯。

行为指导：

(1) 优化阅读环境，提供种类丰富的绘本。班级的阅读区要保证卫生和光照的良好，书架的高度要符合3—6岁幼儿的身高特点，比如大班书架最高点在60—100厘米之间，中班最高点在60—80厘米之间，小班和托班都在60厘米以下。在阅读环境良好的基础上为不同年龄阶段的幼儿提供种类丰富的绘本：大班多以童话故事类、科普知识类、益智启蒙类和卡通漫画类为主；中班除了趣味游戏类相对少点，其他的类别都有；小班多以色彩鲜艳，有大量图片的童话故事、卡通漫画书为主。如此让幼儿根据自己的兴趣和爱好来挑选自己想要看的绘本。还可以在班级的阅读区配以手偶、指偶，帮助幼儿在阅读绘本时，根据内容进行角色表演，产生情感共鸣。

(2) 教师发挥表率作用，适时参与到幼儿的阅读中。幼儿的模仿能力很强，若想要这些孩子喜欢看绘本，老师要起表率作用。幼儿常会发生争抢绘本的现象，爱模仿的天性也会使得幼儿看到别人不安于阅读自己的这一本而没有办法进入阅读状态。鉴于这种情况，在阅读时间，教师可以拿起一本绘本坐在桌子边上专注地看，并暗中观察孩子们的读绘本情况。想想孩子们会不会怕影响老师看绘本而乖乖阅读呢！同时要适时参与孩子们的读绘本活动，孩子在阅读图画绘本时，思维往往比较单一，有时很难在一组图画中找出彼此之间的联系和区别，如果这个时候教师能注重师幼共读，和幼儿一起接着把绘本读完是最好不过的。

案例5：手工游戏区之“芊芊和笑笑”

行为观察： 冬天到了，小一班的芊芊想起了路旁卖糖葫芦的场景，今天的区角活动时间她制作起了“冰糖葫芦”。她先在手工区找到一根筷子大小的小棍子，然后穿起珠子来。她先穿了一颗红色的珠子，然后随手拿起一颗黄色的珠子穿了起来，接着又穿了一颗蓝色的方体珠……

笑笑也是小一班的，她是一个非常喜欢黄色的小女孩。在用珠子给自己制作发饰的过程中，她先选了一颗黄色的圆形珠子，又选了一颗黄色的方形珠子，接着又选了一颗黄色的三角形珠子……她一直挑选黄色的珠子，不管珠子的形状是什么样的。

行为分析： 芊芊随意地选取一颗颗珠子，将它们穿成一串冰糖葫芦，她注重的不是穿出什么样的冰糖葫芦，而是注重穿冰糖葫芦的过程，并乐在其中。可以看出孩子们是因为游戏而游戏，在“随意”动作间表现出了无目的性和无意识性。幼儿的自我意识渐渐地形成，就像笑笑那样，知道自己喜欢什么，不喜欢什么。因为笑笑喜欢黄色，所以她一直挑选黄色的珠子穿。幼儿从一开始的“常常碰到什么选什么”到“喜欢什么选什么”再到后期的“需要什么选什么”，从幼儿选材的过程可以看出经历了一个有层次的发展过程：渐渐具有了目的意识，即经历了从无意识到意识萌芽的过程，又从泛泛的目的意识到初步构想再到清晰的构想。

行为指导： 虽然小班幼儿的手工操作从大人的角度看往往“不尽如人意”，但随着幼儿年龄的增长，幼儿运用材料创造作品的水平逐步升高。如大班幼儿可运用串珠材料创造出不同形式的作品(线状、面状和体状)，我们要相信幼儿操作和创造的潜能。幼儿手工活动的开展离不开教师的支持与引导：教师要常常提供幼儿活动过程图片、作品图片和作品实物，激发幼儿继续创造的热情；同时有序地提供适宜的手工材料和辅助材料，创设活动条件、营造活动氛围；开展自主性区域活动、生成性集体教学活动和互动性亲子活动，丰富幼儿经验。

案例6：益智游戏区之“滚落的小球”

行为观察： 益智区的孩子们把小球放在轨道的最高点，看着小球按照既定的轨道快速地滚到地上的盒子里，他们特别高兴，他们在反复的操作中感知和体会着球体能滚动的特性。我和美工区的幼儿在玩泥，一会儿工夫，听到歆歆的声音：“小韩老师你看，我们玩不了了！都是仔仔弄的。”我走过去发现轨道中已经堵满了大大小小的塑料球、小桃核，我看到玩具不能玩儿了，虽然有些生气，但还是忍住心中的不悦对孩子们说：“你们看，老师辛苦为你们做的玩具，现在玩不了了，你们怎么就不能好好地玩玩具呢？”

行为分析： 我们常常把儿童的探究行为误解为“不好好玩”。轨道中因为堵满了大大小小的塑料球、小桃核而堵了，正是幼儿喜欢探究的表现，他们想知道多大的球或是类似球类的东西能否顺利通过轨道，教师应该给予肯定和支持。在活动区中，这样类似的情况经常发生，幼儿往往不按照教师认可的方式方法操作玩具材料，甚至出现教师认为的“破坏行为”，教师应从积极的方面解读幼儿，无论他们的行为造成什么样的结果应给予更多的鼓励。只有这样，教师后续的指导才可能有效。

行为指导： 教师要善于观察，适时提出问题，例如本案例中教师可借机引发幼儿思考“你们看看为什么会堵住呢？什么样的材料能顺利通过现有轨道？”接着引发幼儿思考材料和轨道粗细的关系。游戏过后及时调整材料，支持、引发幼儿的学习和活动。例如为幼儿提供粗细不同的轨道支持幼儿进一步探究，激发幼儿探究的兴趣，使探究不断深入。

案例7：科学游戏区之“神奇的纸屑”

行为观察： 今天，科学区里来的小朋友有一诺、心怡、鑫鑫、栎栎、乐乐，在科学区里，教师投放了神奇的纸屑。在选择区角的时候因为是新投放的材料，大部分孩子都非常喜欢，这些孩子一来到科学区就开始讨论这些纸屑和尺子是用来做什么的，栎栎说：“尺子是用来量纸的大小的，大的纸长度更长，小的更短。”乐乐说：“不对，这个尺子是用来划线用的，老师就经常用尺子这么做。”两人都觉得自己有道理就

开始争论起来了，栎栎说："我们去问问老师吧。"很快两个孩子找到了教师。在教师的指导下，孩子们知道了尺子和纸是用来做实验的，而且这个实验非常神奇。说干就干，两人很快就默契地点点头，可是实验下来尺子没有像老师说的那么神奇，没有吸住纸呀。乐乐查看了下纸屑，说："这个纸屑太大了，又大又重，尺子怎么吸得起来。"栎栎说："把它撕得再小一点。"很快，两个孩子又开始撕起了纸屑，这次纸屑撕得又细又多，孩子们又开始实验了，这几个小朋友一起做实验，有的用尺子擦自己的皮肤，有的是头发，擦皮肤的鑫鑫小胳膊变得红红的，可是还是不能够吸住纸屑。很快乐乐说："哈哈，我成功了！"鑫鑫说："教教我呢。"乐乐说："尺子要多擦几下头发，这样就可以了。"很快大家再次尝试，哈哈，奇迹发生了，纸屑居然像着了魔似地都立起来了，吸在了尺子上面，孩子们别提有多开心了。

行为分析：《幼儿园教育指导纲要(试行)》中提到"小班幼儿的科学教育的价值在于注重儿童的情感态度和儿童探究问题、解决问题的能力"。"尺子吸纸"是个有趣的科学实验，孩子们通过实验了解到了摩擦生电的原理，知道了怎样通过摩擦让原本没有电的尺子产生静电从而吸住纸屑。在本次区域活动中，孩子们之所以对这个活动感兴趣，首先是因为对尺子能够吸住纸屑这一神奇的现象产生兴趣，但是为什么会这样呢，这是需要探索的，虽然探索了多次孩子们几乎都以失败告终，可孩子不放弃。其次是因为科学探索类的游戏有挑战的难度，孩子们一旦获得成功就会充满喜悦，这种喜悦是对自己的高度肯定，也是将来信心确立的源泉。

行为指导：作为教师在活动中应及时了解幼儿真实、已有的相关经验，从而设计适合孩子最近发展区的实验，本次实验能真实有效地解决幼儿理解方面的问题，促进幼儿在原有基础上科学探究的兴趣和能力的提高。在开放的探索活动过程中，幼儿更多地表现出个体的行为和思维特征，关注幼儿的游戏过程和游戏行为，解读幼儿行为背后的思维特质和个体风格，把握教育的契机，适当的时候给予幼儿帮助，建立与幼儿的良好互动，从而实现区角游戏的价值。

在整个区角游戏阶段，指导幼儿的关键是："轻推一把"。"轻推一把"不是"推一把"。教师不是单纯地以"教师"身份出现，而以双重角色身份参与幼儿的活动，并不断调整与幼儿的关系，从而有效地影响其游戏行为。游戏开始前，教师主要以"教师"身份指导幼儿游戏，发挥教师的教育指导作用；游戏过程中，教师则更多是以"角色"身份参与到幼儿的游戏，以隐性的方式引导幼儿的游戏；游戏结束时，教师以"教师"身份组织幼儿总结游戏，提出新要求，同时又以"角色"身份与幼儿共同讨论游戏过程，共享游戏的乐趣。正是在"教师"与"角色"的双重身份切换中，教师不断发挥着"魔力"，促进幼儿游戏水平的提高。

【本章习题】

1. 简述常见的区角有哪些种类。
2. 谈谈区角活动的意义。
3. 简述区角活动实施的一般步骤。
4. 有人说："区角活动就是幼儿自己玩"，请你谈谈区角活动过程中，是否需要教师？如果需要，教师需要做的工作有哪些？
5. 见习过程中，你一定观察过幼儿的区角活动，请你选择一次所观察的幼儿区角活动进行行为分析，如果幼儿的活动水平还有待提高，请你对其行为进行指导。

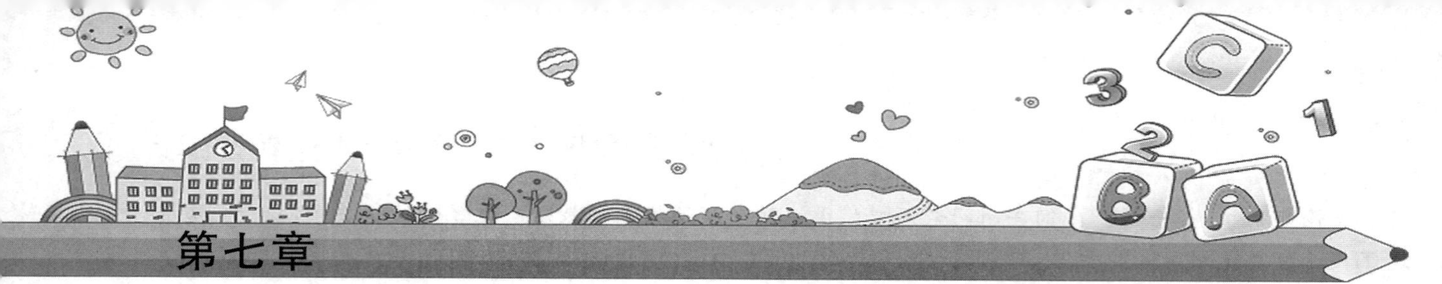

户外活动中的儿童行为观察分析与指导

学习目标

1. 认知：了解户外活动基本含义、类别；明确户外活动对儿童发展的意义。
2. 技能：初步具有指导儿童户外活动的能力。
3. 情感：激发对本章内容的学习热情，树立正确的游戏观和教育观。

经典导学

“小皮球，驾脚踢，马兰花开二十一，二五六，二五七，二八二九三十一，三五六，三五七，三八三九四十一，四五六，四五七，四八四九五十一，五五六，五五七，五八五九六十一，六五六，六五七，六八六九七十一，七五六，七五七，七八七九八十一，八五六，八五七，八八八九九十一，九五六，九五七，九八九九一百一！”当熟悉的童谣响起时，小时候几个小伙伴一起玩耍的画面是否也清晰涌现，童年是如此美好，童年的户外活动也是如此的丰富。这么多年过去了，现在的孩子们是否还和我们小时候玩的一样，通过本章的学习让我们一探究竟吧！

第一节　户外活动概述

一、基本含义

幼儿园户外活动是指在教室外组织的幼儿活动，幼儿可以凭借自己的意愿自由选择游戏材料或者游戏器械、有时教师也可以适宜的方式组织和参与、可以体现游戏精神的活动。户外活动是幼儿形成自我意识，体验、认识和探索外界环境的重要途径，可以促进幼儿身体和心理等各方面的健康发展，因此加强幼儿的户外活动是非常重要的。

二、分类

1. 根据活动场地可分为园内户外活动和园外户外活动

园内户外活动是指在幼儿园操场上进行的各类户外活动。很多幼儿园都把园内户外活动划分成不同的区域，配备不同的设施和材料，比如沙土区、玩水区、装卸区、攀岩区等。有的区域是联合区域，比如跑步区也可以是滚动区，动物区也可以是植物区。园外户外活动指幼儿在幼儿园之外进行的户外活动，

可以是公园、动物园、展览馆、敬老院等。

2. 根据组织形式可分为集体活动和自由活动

集体活动就是在教师的组织下，有纪律、有秩序进行的活动。集体活动中所有的幼儿都在同一个区域，同一个时间按照某种统一的游戏规则进行活动。比如幼儿园组织的拔河活动、赛跑活动，还有早操等都属于集体活动。自由活动主要是以幼儿为主体的活动，幼儿可以选择自己喜欢的任何一个区域，自由地选择材料和伙伴，进行自己喜欢的活动。在自由活动中，教师适时地对幼儿进行帮助，不干涉幼儿的个人选择。

3. 根据户外活动的内容，可划分为户外体育活动、户外游戏和户外文化娱乐活动

户外体育活动指幼儿在户外进行的各种体育锻炼活动，除了常规的体育课，还包括早操等。户外游戏是幼儿最常进行的户外活动，包括的内容很广泛，大致包括民间游戏、晨间活动、午间活动和春秋季运动会。户外文化娱乐活动包括节日联欢演出活动和毕业典礼，比如六一、元旦、国庆节等。

三、意义

1. 户外活动可以增强幼儿体质

在户外活动中幼儿的肌肉和骨骼得到充分伸展，平衡感和协调感也得到锻炼，此外坚持进行户外活动的幼儿更能适应环境变化，抵御疾病的能力也更强，有研究证明，经常参加户外活动的幼儿患各种流行病的几率会小一些，即使患病也会比不常参加户外活动的幼儿康复得快。

2. 户外活动可以调节幼儿情绪

幼儿天性活泼好动，特别喜爱游戏，幼儿最开心的时刻就是参加户外活动的时候。活动室内空间狭小，并且放有桌椅，限制了幼儿的跳跃和奔跑等动作，长时间待在空气不流通的室内，幼儿情绪会压抑，也不利于幼儿的个性发展。幼儿来到户外，场地宽阔、景物繁多可以转移幼儿的注意力，幼儿还能够跟其他的幼儿进行交流，轻松愉快的环境能够缓解幼儿的紧张情绪，使幼儿心情变得愉快，精神得到放松，获得积极的情绪体验。

3. 户外活动可以培养幼儿良好品质

户外活动有利于发展幼儿独立自主性，幼儿能够根据自己的喜爱来选择自己的活动伙伴和活动器材，幼儿能够在活动中建立良好的同伴关系，学会与其他幼儿相处。幼儿在尝试不同活动内容和选择不同活动器材时，可以激发幼儿的创造性思维能力。在户外活动中，幼儿遇到困难自己想办法，经过不断的尝试，最终获得成功，这无形中培养了幼儿不怕困难、勇于尝试的精神。特别是在一些难度较高的户外活动中，比如攀岩，有的幼儿由于害怕，不敢尝试，经过教师和其他幼儿的鼓励，最终能够克服恐惧，勇敢地攀岩。

4. 户外活动可以提供学习机会

幼儿户外活动中通常有两个主体，分别是幼儿和幼儿教师。幼儿除了和教师学习经验知识外，还可以自己在户外活动中摸索，获得更多经验和知识。户外活动不是简单地玩乐，幼儿在户外活动中学到的知识，是课堂上无法获得的。户外活动为幼儿提供了广阔的学习天地，幼儿在运用不同形状的材料时，渐渐学会分辨正方体、长方体、圆柱体和球体等。在沙土区幼儿用不同模型做成各种动物、植物、人物等，初步掌握了大小、多少、高低的概念。这些知识是幼儿通过自己探索获得的，探索过程中幼儿进行主动思考、研究，这些感知一旦获得，终生难忘。幼儿通过户外活动学得的技能，往往是终身都可以使用的技能。

第二节 户外活动的指导策略

《幼儿园教育指导纲要（试行）》中明确规定，幼儿园应“开展丰富多彩的户外游戏及体育活动，培养

幼儿参加体育活动的兴趣和习惯，增强体质，提高对环境的适应能力”。为了帮助幼儿更好地适应环境，在开展户外活动时，教师的指导显得尤为重要。

一、活动前

活动前教师要做好充分的准备工作，为幼儿创设良好的安全的游戏环境，提供充足的游戏器材，并认真检查这些设备、器材是否存在安全隐患；同时还要检查一下幼儿的衣服是否合体，鞋袜要合脚，鞋带要系牢；教师与幼儿共同集合整队，做简单的准备活动，上肢运动、蹲起、跳跃等；还必须考虑到活动中可能出现的危险和某些环节的预防保护措施，特别是在做竞争性游戏时，教师一定要做好保护指导工作，以保证幼儿活动时的安全与健康。

二、活动中

1. 保证幼儿的户外活动时间

幼儿在户外活动中充分接触大自然的阳光、空气和水，幼儿热爱户外活动，要适当延长户外活动时间。合理安排时间，不要因为天气变化随意取消户外活动计划，户外活动可以增强幼儿身体素质，纵然是寒冷的天气，幼儿仍然可以适应。科学合理地安排作息时间，根据《3—6岁儿童学习与发展指南》的要求，每天为幼儿安排不少于2小时的户外活动，其中体育活动时间不少于1小时，季节交替时要坚持；同时因地制宜，过热或过冷的地区可选择温度适当的时间段开展户外活动，保持幼儿的身心健康。

2. 开展丰富多彩的户外活动，放手让幼儿去玩

在户外体育活动中，幼儿玩什么玩具、器材，怎么玩，和谁一起玩，玩多久，都是幼儿的权利，常见的户外活动有：(1) 锻炼幼儿身体适应能力的游戏材料：经常与幼儿玩拉手转圈、秋千、转椅等游戏活动，让幼儿适应轻微的摆动、颠簸、旋转，促进其平衡器官机能的发展。(2) 锻炼幼儿动作协调、灵敏，平衡能力的有：走平衡木，或沿着地面直线、田埂行走；玩跳房子、踢毽子、蒙眼走路、踩小高跷等游戏活动。鼓励幼儿进行跑跳、钻爬、攀登、投掷、拍球等活动，以及跳竹竿、滚铁环等传统体育游戏，发展幼儿动作的协调性和灵活性。对于拍球、跳绳等技能性活动，不要过于要求数量，更不能机械训练。(3) 锻炼幼儿具有一定的力量和耐力的游戏：走、跑、跳、攀、爬等，鼓励幼儿坚持下来，不怕累。日常生活中鼓励幼儿多走路、少坐车；自己上下楼梯，自己背包等。

3. 提供不同操作难度的材料，鼓励幼儿玩出新花样

根据不同层次的教学要求，提供不同操作难度的材料，激发幼儿的兴趣和参与度。引导幼儿自主选择，自由操作；鼓励幼儿进行“五动”：动眼、动脑、动手、动脚和动口；鼓励幼儿把自己的玩法玩给大家看；鼓励幼儿共同交流探索游戏中碰到的问题，一起动脑筋想出更多更好玩的玩法；与此同时教师要认真观察幼儿的表现并耐心地倾听他们的想法和感受，为他们提供表现和表达的机会。让幼儿从愉悦的体验中得到发展，从而进一步激发幼儿的兴趣与参与度。

4. 细致观察，加强个别指导

虞永平认为：“幼儿园内的教学活动是幼儿受教育的重要途径，教师的任务之重就要求教师要有目的、有计划开展户外活动教学。教师的指导方式和指导内容直接影响幼儿的发展。”幼儿户外活动时教师的细致观察是首要条件。户外活动时涉及的范围比较广，教师不容易了解幼儿的需求，难以实现因材施教。针对这一问题，最有效的解决方法是教师做好观察记录，为每一个幼儿建立活动档案。从幼儿个人档案中可以了解幼儿的发展水平并加以引导和鼓励，实现更高水平的发展。

三、活动后

每次户外活动结束，整理游戏材料是锻炼幼儿的好机会，对于较小的幼儿，教师通常情况下要起模范带头作用，参与到整理工作当中，做好榜样。对于较大的幼儿，教师只需鼓励即可。最后，教师都要对活动进行评价，也就是我们通常所说的“活动反思”。户外活动的评价应从两个方面进行：一是教师对

整个户外活动的过程进行评价；二是教师对幼儿在户外活动中的情况和活动结果进行评价。比如，要评价不同的幼儿在自身基础上各方面是否有不同的进步，不同的发展；幼儿是否养成了自主学习，主动探索的习惯；幼儿是否从“学会”转向了“会学”的学习方式等。评价的方式和区角活动一样有幼儿自评、幼幼互评、教师评价三种评价形式。

幼儿是否有进步或发展，是衡量活动效果最重要的标准。就活动过程而言，要本现幼儿“学习并快乐着”的原则。就活动效果而言，要体现活动的多层次、立体性、全面性、可持续性等特点。通过户外活动，幼儿在知识与技能方面，从不懂到懂，从懂得少到懂得多；在情感态度方面，幼儿从不喜欢到喜欢，从无兴趣到有兴趣，从不热爱到热爱；在过程与方法方面，幼儿从无序的逻辑思维到有序的逻辑思维，从单一的方法到多元开放灵活的方法。

案例分析

案例 1：“对不起”

行为观察：孩子们来到了户外，老师一声令下孩子们飞速地跑向滑梯区，晨晨在前进的过程中不小心撞到了旁边的璐璐，晨晨说：“对不起璐璐，我不是故意的。”然后准备走开，可是璐璐却不依不饶：“你撞我！你是坏孩子！”晨晨委屈极了：“我不是说对不起了嘛？”老师走过来说：“别的小朋友都去玩了，你们两个别因为这点小事耽误玩的时间了，赶紧去玩去吧。”

行为分析：虽说户外活动最初的目的是锻炼幼儿的身体，可只要是幼儿多的地方就会有交往就会有矛盾。户外活动也是幼儿学习的好机会，更是老师施展德育的好机会。户外活动的身体运动幅度很大，常常发生类似案例中的碰撞，这样的争吵真要来评判，说谁对谁错，可是超级难题。这里晨晨已经对璐璐很认真地道歉：“对不起，我不是故意的。”那里璐璐偏不答应，那么问题出在哪呢？晨晨在发生冲突之后，只是例行公事地道歉，并没有等到璐璐的回应就认为已经解决了冲突。然而璐璐却认为，面对晨晨的道歉，只有自己作出“没有关系”的回答后，才能算是解决了问题。

行为指导：晨晨和璐璐其实都没有错，错就错在他们受到的教育与他们的交往从根本上脱节了。为什么会出现这样的问题呢？原因就在平时教育中我们忽略了“对方回应”的环节，幼儿根本就没有“要等别人同意”的意识。他们不知道在道歉后或借东西后，必须等到对方有回应，才表示真正解决问题。我们几乎每天都在教育孩子要懂礼貌，可是扪心自省，孩子真能理解吗？遇到陌生人时，比如班里来了客人老师，如果老师不提醒、不示范，会有多少孩子能主动地发自内心地问好呢？如果只是为了模仿老师或者是为了完成某种任务，对幼儿自身的成长又有多大的意义呢？怎样将幼儿被动的行为转化为其内在的情感需求？怎样让幼儿短期的礼貌行为演化为一生的良好习惯？这些是每个幼儿教师需要深度思考的问题。

案例 2：“冰激淋”

行为观察：连续下了一周的雨，好不容易迎来阳光明媚的一天。张老师带领小朋友们来到园里的自由活动区，这下小朋友们可开心坏了。张老师一声令下后，小朋友们以最快的速度进入了状态，瞬间自由活动区如同开锅一样热闹。有玩滑梯的，有追着到处跑的，有在塑胶跑道上打滚的……他们玩得热闹，我也忙坏了，我要对每个爬上滑梯的小朋友的挥手和呼唤表示回应，我还要解决小朋友间的矛盾，为了工作需要我还要给他们拍照……正当我忙得不亦乐乎的时候，二宝跑过来了，他的手小心地捧着“冰激淋”对我说：“小孙老师，给你冰激淋，你吃完了告诉我，我再给你打。”当时我心里特别暖，接过“冰激淋”谢了二宝后我认真地吃起来，吃完后二宝问我：“你喜欢吃什么口味的？”“我喜欢吃草莓的。”瞬间二宝跑没影了。过了一会儿，二宝跑回来还是用手小心地捧着“草莓味的冰激淋”，我又认真地吃起来。二宝又问：“你还喜欢吃什么口味的？”就这样二宝连续给我打了三杯“冰激淋”，我好奇地问二宝：“二宝，你能带小孙老师去看看你打“冰激淋”的地方吗？”于是我和二宝来到了他打“冰激淋”的位置，原来滑梯的后侧有一个可以攀爬的装置，是旋转式的。我一下被小朋友们的想象力和天真感动了，幼儿的世界竟然可以如此简单美好。这下不得了了，小朋友们知道了二宝的宝地后，纷纷都要给我打“冰激淋”，于是我又吃了好几个“冰激淋”，后来我实在吃不下了，“冰激淋太凉了，小孙老师不想吃了”，其中一名小朋友大声喊“那你喝什么口味的果汁？”于是我又喝了好多“果汁”……

行为分析：不难看出案例中的二宝和小朋友们是将角色游戏迁移到了户外，但从二宝身上我看得出他需要的不仅仅是游戏更多是关爱。其实，就像二宝需要关爱一样，每个幼儿都需要建立与同伴或成人的情感连结，这其实就是心理学一直谈论的“依恋”。美国的劳伦斯·科恩用了一个这样的比喻形容儿童的依恋，他说：幼儿需要关爱和照顾，就好像有一个杯子，不断需要蓄水。当幼儿饿了、累了、寂寞了、伤心了，那么他就需要有人照顾、抚慰，就好像他那个水杯空了，需要加水一样。

行为指导：像二宝这样的幼儿很多，就像其他小朋友纷纷涌过来给我打“冰激淋”一样，他们宁可表现出“不礼貌的行为”，也不愿被忽略，以这样的方式获得与他人的情感连结。而大人常常会因此而被激怒，因为他们没有其他小朋友听话，因为他们扰乱了我们的教学秩序，因为他们增加了很多额外的工作……抑或是不予理睬，以至于“续杯”的愿望难以达成，相应的安全依恋也难以建立，无论在哪，他们都找不到安全感，即使最亲近的人在身边也是如此，没信心尝试新经验，即使去了，也可能只是鲁莽行事。当成人了解了幼儿的情感需要后，我们要做那个“大蓄水池”，正如我和二宝手牵手一起去探索他的“秘密宝地”一样。其实大人与幼儿的一次玩耍、一次交流谈心都能起到蓄水的作用。

案例3：“植物大战僵尸”

行为观察：今天上午中班的君君每次和我对话的时候总是用他掺杂着口水的口气做喷人的样子，第一次的时候已经告诉他了这样不礼貌，可他并没有理会我的意思，下次对话的时候还是这个样子，考虑到他就是个孩子我也没多说什么。下午的户外活动孩子们玩得不亦乐乎，由于我是来幼儿园搜集素材的，所以一直忙着观察记录拍摄等工作。期间君君邀请了我好几次和他们玩游戏，前几次我果断拒绝了，可最后一次不忍打击孩子的积极性，索性就答应了。我：“好，那我们玩什么呢？”君君：“植物大战僵尸。”我只是模糊地知道这个游戏，对“向日葵”这个角色比较清晰，我：“那我就扮演向日葵吧。”君君：“不行，你扮演豌豆。”瞬间我懂得了君君上午的行为，原来那不是故意的冒犯，原来君君沉浸在游戏中，忽然对自己上午没说过激的语言感到庆幸。接下来的时光里我们沉浸在游戏的欢乐中。

行为分析：幼儿阶段的游戏水平正处于“象征性游戏阶段”，所以这个阶段的幼儿非常热衷于象征性游戏，比如角色游戏、表演游戏等。角色游戏前面的章节已经做了详细的讨论，幼儿依托的是现实生活经验；而表演游戏是幼儿以童话故事等幼儿文学作品为主要内容，通过扮演角色，运用动作、语言和表情再现文艺作品的一种创造性游戏。案例中的君君正是将电子游戏“植物大战僵尸”通过角色扮演的形式反映在幼儿园户外游戏活动中，是典型的表演游戏。

行为指导：我国著名的幼儿教育专家陈鹤琴提出：“小孩子生性好动，以游戏为生命。”可见游戏对孩子的重要性不容忽视，通过户外活动展开的各种类型的游戏可以让幼儿从小树立正确、科学的交往观和友谊观，使其在积极主动的交往过程中获取信息、沟通情感、增进了解。因此，幼儿教师要在户外活动中极力培养幼儿的同伴、师幼交往能力，使幼儿在与社会中的人交往的过程中形成积极的自我概念、认知和健全的个性品质。

案例4：“抓苍蝇”

行为观察：户外活动中，有的孩子会对飘在空中的蒲公英兴趣盎然，边跑边吹；有的会对一根落在地上的小树枝感兴趣，独自摆弄着；还有的会对树上飘落的树叶和小花瓣着迷，捡起来数一数，比比谁捡得多……今天我发现有一个小男孩在操场上踩来踩去，我心生好奇走过去问他：“宝贝，你在做什么？”“我在抓苍蝇，怎么一只都抓不到呢……”

行为分析：幼儿时期，是天真好奇、主动探索的时期，案例中孩子们的表现都是“孩子天性的外露，童真的一面”，我们要抓住这一时期幼儿的特点，注重激发幼儿活动和学习的愿望，调动幼儿的积极性和主动性。陈鹤琴教育思想中也指出：要以幼儿为主体，将活动的主动权交给幼儿。活动的主体是幼儿，

活动的权利也在幼儿，我们要保证幼儿在活动中有充分的自由度。《幼儿园教育指寻纲要(试行)》同时指出：应该支持幼儿富有个性和创造性的表达。

行为指导：《幼儿园教育指导纲要(试行)》指出："幼儿园教育应充分尊重幼儿作为学习主体的经验和体验，尊重他们身心发展的规律和学习特点，以游戏为基本活动，引导他们在与环境的积极相互作用中得到发展。"无论是教师还是家长必须树立正确的指导思想，充分认识到幼儿在活动中的主体地位。给幼儿一个自主发展的空间，除了在物质环境上满足幼儿的需要，还要在精神上给予孩子支持，支持他们的想法和做法，建立孩子的自信心。尤其是教师要支持幼儿行为与周围环境之间积极的相互作用，不去约束他们，而是放手让他们去玩，发挥他们的想象力，不规定今天一定要玩什么.让他们尽情地想一想、玩一玩，对所有幼儿的想象、玩法都给予充分的肯定，鼓励他们，让他们体验玩的幸福和快乐。

案例 5："小水珠"

行为观察：雨后的天气一片凉爽，下午我带孩子们到户外做游戏"老鹰捉小鸡"，绝大部分幼儿都非常感兴趣，跟着我兴致勃勃地玩耍。可西西和乐乐两名小朋友却跑到草地上，不知干什么去了。看到她们两个人乱跑，不跟着我做游戏，我非常生气。走过去气冲冲地说："你们俩干什么？"她俩头也不抬，说："我们在看草地上的小水珠。""为什么不跟着老师做游戏呢？"她俩看了看我说："我们不喜欢，不愿意做。"我听了这话很生气，但我强忍着心里的愤怒问："小水珠好玩吗？""老师，你看，这些小水珠都是亮晶晶的，用嘴巴一吹，它们就会跳起舞来，可好玩了。"顺着她们的动作一看，确实很美，小水珠在绿色的小草上跳起了欢快的舞蹈。看着她们这么感兴趣，我也不忍心劝她们回去了，于是，我说："你们好好观察，然后把你们观察到的有趣的事情，告诉老师和小朋友好吗？""好，好！"她们兴奋地回答，高高兴兴地做她们喜欢的事情。

行为分析：在我们的日常教学中，组织全体幼儿玩同一个游戏时，是否每一位幼儿都会对教师事先预设好的活动感兴趣呢？当我们遭遇到以上类似的尴尬时，我们应该怎么做？是继续按老师的计划进行呢，还是尊重幼儿的兴趣和爱好呢？我们常常忘了：游戏是幼儿的权利。我们要给幼儿一个自主发展的空间，把游戏的权利真正还给幼儿。在以上案例中，教师及时发现了孩子的表现，采取征求鼓励的方式，让孩子自主活动，建立起了孩子的信心，最终获得了非常好的效果。要是教师按照先前的预设强制性地让孩子去参加教师组织的活动，孩子或许会参加，但是是被动的，孩子未必能发挥出自己的潜能。

行为指导：《幼儿园教育指导纲要(试行)》指出："善于发现幼儿感兴趣的事物、游戏和偶发事件中所隐含的教育价值，把握时机，积极引导。"正因如此，教师要给予幼儿充分的自由，要在"无为"中成就幼儿的活动。在"无为"背景下，教师要做的就是对孩子进行观察，读懂孩子的行为，并及时地给予支持，正如案例中所描述的，大多数教师会制止孩子突发的行为，强加以教师的意图，让孩子回到原来活动境地，殊不知这样缺失了一次教育的时机。

案例 6："小熊送花"

行为观察：今天体育游戏，老师带领孩子们玩起了"小熊送花"。老师首先给孩子们创设了情景，还给游戏活动加大了难度，需要通过不同的障碍物，第一个障碍物是要双脚跳过小山，第二个障碍是要穿过一片崎岖的小路，最后一个也是最难的要助跑跨跳过一条小河。游戏开始了，孩子们有秩序地进行着，轮到圆圆了，她很想快速地把小花送到同伴的手里，可是心急就做不好事情，她犯规了，没有双脚跳过小山，必须返回来重新开始，这难免会耽误一些时间。他们队自然也没有得冠军，她一下子情绪低落了，眼眶有些湿润，老师安慰说："没有关系，我们再来比赛一次，只要大家按照正确的游戏规则，你们一定会成功的。"

行为分析：《幼儿园教育指导纲要(试行)》中提出："开展多种有趣的体育活动.特别是户外的、大自然的活动，培养幼儿参加体育锻炼的积极性，并提高其对环境的适应能力。"案例中的活动需要有一定的腿部力量和身体协调能力，幼儿本身就喜欢跳、爬、钻、绕等动作，由于老师创设了游戏情景，在熟悉了

《小熊送花》这个故事后，孩子们参与的积极性很高。同时该活动还激发了幼儿的竞争意识和合作能力。

行为指导：幼儿的求胜心很强，在遭遇失败挫折时，老师要及时与孩子交流，耐心引导，给予一定的语言鼓励，引导幼儿在游戏过程中获得快乐才是最重要的；提醒幼儿想想现在的自己比以前的自己哪个动作更灵活了；告知幼儿在游戏中掌握了哪些玩法和技巧，树立幼儿的自信心；在此基础上鼓励孩子要勇于挑战、勇于面对失败，培养幼儿良好的品质。

户外活动是通过丰富的活动材料、充足的场地空间、科学的项目设置来促进幼儿动作、思维、意志等方面发展的一种途径和方式，也是培养幼儿自主性、发挥幼儿创造性的一项自主活动。作为教育者，我们应当用先进的教育理念支撑我们的教育行为，转变观念，让幼儿成为活动发展的主人。

【本章习题】

1. 简述户外活动的种类并举例。
2. 论述户外活动对幼儿健康发展的意义。
3. 阐述户外活动在活动前、活动中、活动后的指导要点有哪些。
4. 户外活动中除了书中所述的指导要点外，还有没有需要教师要注意的事项或需要关注的方面？如果有，请阐述。
5. 还记得本章案例中那个抓苍蝇的小男孩吗？教师心生好奇走过去问他："宝贝你在做什么？""我在抓苍蝇，怎么一只都抓不到呢……"如果是你的话，你会如何介入并指导呢？

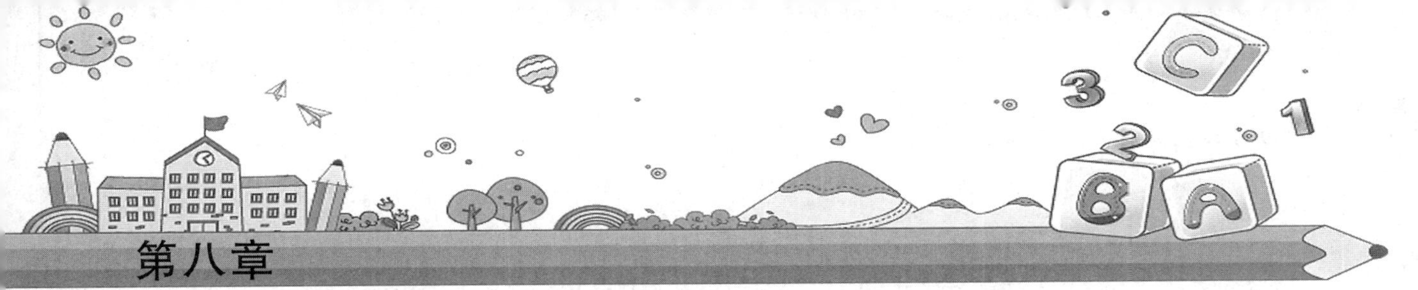

第八章

认知活动中的儿童行为观察与分析

学习目标

1. 认知：了解认知的基本含义、特点；明确认知活动对儿童发展的意义、实施步骤。
2. 技能：初步掌握认知活动的基本观察指导策略，指导儿童学习活动的有效开展。
3. 情感：激发学习本章内容的兴趣和热情，树立正确的学习观和教育观。

经典导学

给孩子犯错误的机会——麦克劳德杀狗的故事

在英国的亚皮丹博物馆中，有两幅藏画格外引人注目。其中一幅是人体骨骼图，另一幅是人体血液循环图。说起这两幅藏画，里面有着一个引人入胜的故事。原来，这两幅画是当年一个名叫麦克劳德的小学生的作品。麦克劳德从小充满好奇心，凡事总好寻根究底，不找到答案不肯罢休。有一天他突发奇想，想看看狗的内脏到底是什么样的，于是便和几个小伙伴偷偷地套住一只狗，将其宰杀后，把内脏一个一个割离，仔细观察。没想到这只狗是校长家的，且是校长十分宠爱的狗。对这事，校长甚为恼火。但是，到底如何进行处罚，校长费了一番脑筋。杀狗肯定是错误，应该受到处罚，然而校长知道，这个举动是在好奇心的驱使下进行的，其中包含着十分可贵的积极因素。如果因为处罚把孩子善于探索的好奇心也打下去了，那无疑是一种巨大的损失。经过反复考虑，权衡利弊得失，校长采取了一个十分巧妙的处罚方法：罚麦克劳德画一幅人体骨骼图和一幅血液循环图。麦克劳德很聪明，他知道自己错了，应该接受处罚，并决心改正错误。于是他认认真真、仔仔细细地画两幅图，校长和教师看后很满意，认为图画得好，对错误的认识态度很诚恳，杀狗之事便这样了结了。这样的处理方法，既使麦克劳德认识到自己的错误，又保护了他的好奇心，还给了他一次学习生理知识的机会，使他对狗的解剖派上了用场。后来，麦克劳德成了一位著名的解剖学家，与医学家班廷一起，研究发现了以前人们认为不可医治的糖尿病的胰岛素治疗方法，两人于1923年荣获诺贝尔生理学或医学奖。

故事中的小麦克劳德并不是出于狠心要杀狗，而是出于探究精神，出于好奇心，这样的错误，我们就要给他一个机会，不是吗？老校长对杀狗事件的处理独具匠心，对我们颇有启发。今后在开展教育活动的过程中，我们不要再不问青红皂白主观臆断，要选择相信孩子，理解孩子行为背后的原因，给孩子一个犯错的机会，就是给孩子一个认识世界的机会。其实幼儿也是这样，常常通过观察比较、操作体验及同伴合作等形式去学习，可以说探究是幼儿的天性，是幼儿主要的学习方式和活动方式，这一探究式学习活动常伴随幼儿的认知活动。儿童认知发展是儿童心理发展的主旋律，那么什么是认知活动？幼儿的认知活动有什么特点？以及如何对幼儿的认知活动进行观察与指导呢？

第一节　认知活动概述

一、认知活动的基本含义

认知也可以称为认识，是指人认识外界事物的过程，或者说是对作用于人的感觉器官（眼、耳、鼻、舌、皮肤等）的外界事物进行信息加工的过程。它包括感觉、知觉、记忆、思维、想象、言语，是指人们认识活动的过程。本节我们主要从学习活动来解读认知中的记忆和思维。记忆是儿童学习、交往和个性形成的基础，有人把记忆形象地称之为智慧之母，幼儿的学习离不开记忆；而思维是认知过程的高级阶段，对幼儿的学习发生、发展也起着重要的影响。

二、认知活动的特点

1. 3—4 岁小班幼儿的认知发展特点

认知范围逐步扩大，认知依靠动作，认知活动直观具体，无意认知占主导。无意注意仍占优势，对新鲜事物、新异活动有较强的好奇心。注意力容易分散，不易集中。开始形成一些与生活经验相联系的事物概念，但常常会受生活经验的影响。思维方式带有明显的直觉行动性，思维靠动作进行，不会计划自己的行动，调控自己行为的能力还是比较弱的，一定程度上受外界刺激和情绪特点的制约，常常是边做边想，或先做后想。模仿是幼儿的天性，爱模仿，常常通过模仿来学习。初步会对物品进行简单的分类。语言能力发展迅速，处于语言发展的关键期，他们变得特别爱说话，即使一个人玩的时候也会自言自语地边说边玩，跟小朋友或大人在一起时，话就更多了。

2. 4—5 岁中班幼儿的认知发展特点

随着年龄的增长，这一时期可以长时间很好地集中注意力。数概念形成的关键期。能掌握读、写和计算前的基本概念和技巧。对于时间、空间、数量、物体类别的概念已颇为了解。他们能以正确次序排列长短、高矮、阔窄或大小不同的物件，也能数数至二十。语言能力得到发展，语法和结构大致和成人无异，还可以会使用含 5—8 个词的句子。喜欢争论和推理，常用“因为”等词语；喜欢听故事，特别是小动物的故事；理解故事有开端、进展和结尾；能记住故事并复述，还喜欢自己编故事讲故事；对原因和结果感兴趣；喜欢笑话和谜语。

3. 5—6 岁大班幼儿的认知发展特点

这一年龄阶段的幼儿，好奇心发展迅速，认知过程积极主动，开始掌握认知方法。有意注意进一步发展，对感兴趣的活动能集中较长的时间。有意注意有了一定的稳定性和自觉性，集中时间能延长至约 15 分钟，有了初步的任务意识。观察的目的性有所提高，能主动观察周围感兴趣的事物，并能掌握一些观察方法。记忆的有意性有了明显的发展，能主动记忆所学的内容或成人布置的任务。初步理解周围世界中比较隐蔽的因果关系。抽象逻辑思维开始萌芽，能根据事物的本质属性进行初步的概括、分类，能分析理解事物间的相对关系。求知欲和探索欲强，常会提出一些问题，进行一些操作、科学实验等，渴望寻求科学的答案。词汇量迅速增加，言语表达能力明显提高，能较清楚、连续甚至有表情地描述事物，讲得生动、形象。能较好地用语言与他人进行交流，能自信地表达个人的观点和主张。开始对文字产生兴趣，阅读兴趣显著提高。

三、认知活动的规律

儿童的认知活动遵循一定的规律，一般是一个由简单到复杂、由低级到高级逐渐发展的过程。心理学家认为儿童认知心理的发展有如下基本趋向：

(1) 儿童认知的发展由近及远。在他们还不知道客观事物永久存在之前，认知范围就限于自己，以后才逐渐认识到外界事物也和自己一样存在。

(2) 儿童认知事物由局部到整体，由片面到比较全面。

(3) 儿童最初只注意事物的表面现象，以后才认识事物内在的本质特征。

(4) 儿童认识一个事物，不是一蹴而就的，是一个“实践——认知——实践”的过程。

四、认知活动发展意义

俗话说，“三岁看大，七岁看老”。幼儿阶段是人生中发展极为迅速的时期，被称为“黄金时期”。这一时期幼儿的可塑性最强，是开发全脑功能的最佳时期，因此素质教育要从幼儿抓起，要重视开发儿童的多元智能，以带动儿童心理素质的全面提高。认知是儿童发展的中心任务，它是儿童心理发展的主旋律，又是开启儿童心灵之锁的钥匙。

第二节 认知活动的指导策略

一、生活中处处皆教育，善于抓住教育契机

1. 教师要善于发现寻常时刻

《幼儿园教育指导纲要(试行)》(2001)指出：教师应善于发现幼儿日常生活中表现的、感兴趣的事物和突发事件所隐含的教育价值，提供生成活动的机会，以支持探索的兴趣，支持幼儿生成活动的开展。教师要有一个善于发现的眼睛，一颗敏感的心，善于观察、善于发现、善于思考，更重要的是善于从生活中的寻常时刻，发掘有助于幼儿成长的促进点，生成贴近幼儿的随机教育活动。观察不等于看，观察是一种有目的、有计划、有组织、比较持久的知觉过程，教师可以启发学前儿童应用各种感官(视觉、听觉、嗅觉、触觉)去感知客观事物和现象，激发幼儿的想象，以不断提高幼儿的认知水平和思维能力。

2. 抓住幼儿的兴趣点，进行随机教育

众所周知，兴趣才是最好的老师。幼儿虽然年龄小，知识量少，但他们对身边充满好奇，他们的兴趣往往会由外界的环境变化而引起，如颜色艳丽、造型奇特的物体、韵律悠扬的音乐以及突然发生的奇异变化等都容易激发幼儿的兴趣，并产生持久的注意。当幼儿表现出强烈的兴趣和需要时，教师第一反应要及时给予支持和呼应。幼儿的兴趣具有易变性和肤浅性的特点，如幼儿正在玩一个色彩非常艳丽的皮球，当一个新的玩具出现在眼前时，他会把兴趣转移到新的玩具上。随机教育也是一门艺术，是针对随时随地出现的问题，根据情况的变化实施教育，它具体、生动，有很强的说服力。幼儿的日常生活中蕴藏着丰富的教育契机，如可以利用上下楼梯对孩子进行规则及礼貌教育，也可以将喝水这一再普通不过的活动设计为有趣的游戏，还可以户外活动时引导孩子观察周围景物并介绍简单的知识……从而将简单的生活变成寓教于乐的潜在教育课程，在这个过程中幼儿处于一种自然的状态，体现出来的语言行为相当的真实，在日常生活中开展随机教育，可以收到良好的教育效果，如有一次教师发现本班幼儿对园内一处丝瓜藤产生了兴趣，并在点数丝瓜的过程中发生了争执，于是因势利导组织幼儿如何快速、准确地点数丝瓜，进一步引发幼儿仔细观察丝瓜生长情况，以寻找解决办法，从而让大家知道了丝瓜藤上到底结了多少个丝瓜。

3. 教师应静静地观察幼儿的行为，客观分析与评价

首先，要深入观察，了解幼儿。在认识活动中，教师应观察了解在先，介入指导在后。如在剪纸活动过程中，有的孩子剪得快、有的孩子剪得慢，有的孩子只能剪一些简单的图形，有的孩子却能剪出不规则图案(动物形状)，同时教师发现幼儿的手指灵活性两极分化很是严重，女孩子已经可以灵巧地剪出弧线，而男孩子仍旧剪直线都很困难，这样的情况对于活动的进一步开展造成了巨大的困扰。针对这种情况，为了了解幼儿发展的需要以便提供更加适宜的指导和帮助，要全面了解幼儿，承认和关注幼儿的个体差异(已有生活经验、手部灵活性及手眼的协调性等方面的差异)，以发展的眼光看待幼儿，注重采用自然的方法观察幼儿在日常活动和教学过程中具有典型意义的行为表现和结果，并将其作为评价的重

要依据。其次，教师在指导的过程中，要把握好“度”。面对那些剪得太慢、剪得不好的孩子，教师不能急于求成，也不能采用统一标准和要求让每个幼儿都能达到同一个水平，这是一个循序渐进的过程，教师可以引导动手能力强的幼儿帮助剪得不好的孩子，慢慢地掌握使用剪刀的技巧方法。关键在于教师遵循幼儿学习特点，按着由易到难、由简单到复杂、由已知到未知的顺序呈现教学内容，促使幼儿逐渐提高剪纸技能和审美感受能力。

4. 以多种行为支持幼儿的自主探究活动

幼儿的思维都离不开动作，如幼儿科学活动强调“让材料说话，让环境和材料引领幼儿的学习”。因此，我们为幼儿提供操作材料是为了便于幼儿操作的，而不是一个摆设品。只有为幼儿提供了便于他们操作的材料，引发幼儿自主探究活动的兴趣，才能使他们愉快地参与到活动中来。教师应能根据幼儿的发展情况，对材料进行优化组合，通过资源共享、设置情境、分层呈现等各种方法使材料实现物尽所用。对幼儿来说，只有能够引发幼儿动手、动脑的材料，才能满足幼儿的游戏需求和支持各种探索活动有序进行，与此同时，教师在调整材料时不必匆忙撤换材料，而应对材料进行分析。在肯定目标合适的前提下，可考虑调整投放的形式，如将材料从教室中的一个区角移至另一个区角，或者把材料和幼儿之前从来没有使用过的物品放在一起，或者通过新旧材料的承上启下的组合产生新的游戏情境、思维方式、操作方式等，以促进幼儿将新旧经验相连，从而使操作活动更具延续性与连贯性。

二、尊重个体差异，考虑幼儿的年龄特点

1. 鼓励大胆尝试，不断“试误”以获得解决问题的能力

首先，尊重好奇心，理解幼儿独特的行为方式。“教育孩子的前提是了解孩子，了解孩子的前提是尊重孩子”，孩子们都具有非常强的好奇心。而当好奇心一旦被阻碍时，便会滋生较强的逆反心理，导致越是被禁止的事物，他越是要去尝试。因此，平时对于孩子思想与行为的教育，不妨多给予正确的引导，而不是粗暴地横加干涉。其次，鼓励幼儿大胆尝试，不断尝试错误。如果父母或教师出于保护孩子的目的，过多地剥夺了孩子尝试的权利，那么，孩子就永远无法获得成功的体验，他就会越来越没有自信。比如，在科学实验中当孩子跃跃欲试想要帮助老师发材料的时候，老师不要怕孩子打破材料水杯而拒绝他，其实，如果用一只水杯的价值换来孩子学会端水杯，不是很值得吗？最后，正确对待孩子的提问。提问是一种思考和钻研，是具有探索意识的表现，但由于孩子年幼，所提出的问题往往无意识，可能十分荒唐，但也有可能是灵感闪现的时机，作为教师应心平气和地认真对待，对于幼儿的问题，教师不应只采用一问一答的简单方式来满足幼儿的求知欲，而要建立一个能公开提问的气氛，要使幼儿感到能提出问题是很了不起的，慢慢地让幼儿自信教师和同伴会倾听自己提出的问题。

2. 提供各种操作材料，利用游戏激发学习兴趣

教师要为每个幼儿提供丰富多彩的活动材料，并让幼儿能够按照自己的兴趣、需要和意愿决定玩什么、和谁玩、怎么玩、用什么玩，从而积极地与同伴、材料互动。幼儿参与活动的兴趣及活动的持久性与区域活动材料的投放有着直接的联系。为了使材料具有教育价值，能够有效地促进幼儿的学习和发展，教师应提供能够充分吸引和拓展幼儿兴趣的材料，让材料与幼儿积极“对话”。这要求教师要准确把握幼儿的年龄特点（小、中、大班），以本班幼儿的阶段培养目标为主要依据，同时考虑每个幼儿的发展需要与学习兴趣。不同阶段的孩子，因为不同环境的影响，会表现出不同的特性。对孩子最好的教育，就是符合其天性的教育，并不是说要灌输给孩子什么内容，而是用一种外在的教育互动方式，确保孩子能轻松地展开他的天性，能完善地进行自主学习和探究，做好幼小衔接，为一生的发展奠定基础。

三、生活中处处皆教育，处处留心皆学问

1. 教师应多关注幼儿在生活活动中的表现

伟大的人民教育家陶行知先生倡导的“生活即教育”理论中，提出了“在生活里找教育，为生活而教育”的观念。生活中处处皆教育，教育内容要贴近幼儿的实际生活，促进幼儿生动活泼的发展。由于生理和心理发展水平的制约，幼儿对周围世界的认知往往依赖于他们自身的生活经验，贴近幼儿生活的内

容往往是引发幼儿主动学习、主动探究的重要条件。那么,幼儿教师必须拥有一双会观察的眼睛。俗话说:“人心不同,各如其面”,幼儿的兴趣会自然而然地表现在一日生活的各个环节之中。因此,教师要密切关注幼儿在生活中的表现,仔细观察并深入分析幼儿的行为,及时捕捉幼儿的兴趣,真正了解并正确判断幼儿行为背后的经验支撑点,并将其随机扩展成有价值的教育内容。

2. 发挥环境的可操性特点,让幼儿与环境互动

瑞吉欧教育认为:幼儿除每班两名教师外,环境是“第三位老师”。幼儿园环境具有可操作性的特点,教师要时刻注意支持、启发、引导幼儿与环境相互作用。《幼儿园工作规程》(1996)指出:“环境是重要的教习资源,应通过创设并有效地利用环境促进幼儿的发展。”在各种操作活动中,只有让每一个幼儿自己选择材料,决定用材料做什么,才能极大地激发幼儿与材料的相互作用,从而促材料得到有效使用。因此,教师可以将环境创设和材料搜集的过程作为幼儿的学习过程,与幼儿一起设计、准备和制作材料。同时,幼儿可以根据需要,通过想(利用已有的生活、学习经验)、问(如家长、邻里等一切可利用的资源)、看(书、画报、电视)去获得有关的信息,通过自己动手和求得他人的帮助去获得所需的材料。在此过程中,幼儿不仅发展了设计的能力、与人交往的能力和语言表达能力,而且发展了解决问题的能力,获得了有关的知识经验。

四、考虑幼儿的年龄特点,以提供适宜的指导

1. 生成活动中凸显“幼儿在前,教师在后”

在活动中教师切不可把自己当作权威,应作为一个平等的参与者与幼儿对话,通过师幼互动潜移默化地影响着幼儿。在活动中教师应面向全体幼儿,重视来自每一个幼儿的信息反馈,包括一个动作、一句话,从中发掘有教育价值的内容,并作出相应的反应,支持幼儿的探索活动。我们所说的“幼儿在前、教师在后”也就是要求教师对幼儿生成活动的开展,应顺应幼儿意愿与活动兴趣,不把成人的意愿、教育强加于幼儿身上,对幼儿生成活动要关注在先,能让孩子自己想的,让孩子自己想;能让孩子自己做的,让孩子自己做,然后顺其自然,促其水到渠成;你要儿童怎样做,就应当教儿童怎样学;鼓励儿童去发现他自己的世界。“幼儿在前、教师在后”不是把幼儿看成是生成活动的主动者,把教师看成只是生成活动的被动者,而是提倡教师注重观察,关注幼儿生成活动的进程,并根据幼儿生成活动的需要,辅以创设环境,催发幼儿积极向上、愿意学习的欲望,以满足幼儿不断探索的兴趣与生成发展的需要。

2. 启发和鼓励幼儿在活动中主动体验

《幼儿园教育指导纲要(试行)》(2011)指出:“尊重幼儿在发展水平、能力、经验、学习方式等方面的个体差异,因人施教,努力使每一个幼儿都获得满足和成功。”幼儿的体验学习是一种亲历的过程,没有亲历就无所谓体验。所以,教师在教育过程中应充分发挥作为幼儿学习活动的支持者、合作者和引导者的作用,给予幼儿主动体验的机会,启发、鼓励幼儿在亲身“研究”“思索”“想象”“尝试”中领悟知识,在“探究知识”中形成个人化的理解。这不仅需要教师尊重幼儿的认知规律和特点,更要善于把期望幼儿学习的内容转化为幼儿的兴趣和需求,真正发挥幼儿的主体性,使其成为学习活动的积极参与者,在活动中充分表现自己;也需要教师的积极引导,促进每一个幼儿朝着“最近发展区”发展。幼儿作为一个积极主动的个体,只有在教师的引导下才能更好地参与学习活动,获得经验的增长。

3. 创设易于激发幼儿体验的教学情境

积极创设和营造快乐的教育环境,并创设易于激发幼儿体验的教学情景,教育幼儿以游戏为主要的体验模式,重视幼儿的参与感。可以说游戏是幼儿园的基本活动,是与幼儿年龄特点相适应的学习方式,在幼儿的游戏活动中发生着大量的学习活动。它既是幼儿喜闻乐见的活动,又是幼儿学习的一个有效途径,在引领幼儿成长的过程中具有不可替代的作用。游戏的目的就是玩中学、学中玩。教师应学会“蹲下来”与幼儿在同一平台上交流、对话,要乐意并善于“接住孩子抛过来的球”,并能及时把球抛回给孩子。彼此之间围绕教学内容,共同参与,通过对话、沟通和合作活动,产生交互影响。只有在师幼、同伴交往互动的过程中,教学才会具有真实的智慧的灵动和生长的气息,才能最大化让幼儿获得知识与技能,不断生成新的思维能力。

案例分析

案例1：锡坤闯世界之丢失的鞋子

行为观察：秋日的巴学园里发生了一件在侦探小说里才有的怪事：老师和小朋友们的鞋子总是莫名其妙地丢失！

就在大家都很纳闷的时候，院子里上演了这样的一幕：

小朋友们都在屋里游戏，一个小男孩独自抱着一只足球，迈着踉跄的小碎步往垃圾箱走去……

这一幕恰好被摄影机记录下来，连续几天发生的“鞋子失踪案”随之宣告破解。——老师在垃圾桶里发现了大大小小花花绿绿的鞋子。“肇事者”名叫锡坤，只有2岁大，平时不爱说话。“作案”过程是这样的：他找来一只筐子，装满鞋子后抱起来奔向垃圾箱前，高高地用手托起筐子，把鞋子倒进去。散落下来的鞋子砸到头上他也满不在乎，继续将它们捡起来扔进去；待全部清理干净了，他使劲儿摇摇垃圾箱，让盖子合起来，这才满意地离开。

就这样，锡坤来来回回地奔波于鞋架和垃圾箱之间。他的个头还没有垃圾箱高呢，把鞋子扔进去并不是件轻松的事。这样做，他能得到什么乐趣呢？

行为分析：锡坤只有2岁，他的行为和幼儿园的其他小朋友明显不同，有着很强的探索精神。他喜欢把别人的鞋扔到垃圾桶，虽然他还没有垃圾桶高，他也喜欢到处翻东西，对未知世界充满了兴趣。他喜欢把东西搞得很乱，然后再收拾好。这源于他正在经历空间敏感期，这一时期的儿童会四处伸手、踢脚，到处扔东西，孩子是通过物体的位置和运动来探索空间的。

行为指导：人的探索精神只有短短的几个月，而道德的建构时间却很长。小孩子并不知道哪些东西该动哪些不该动。他们对于未知的东西都想拿来玩一下（出于好奇、新鲜感）。如果孩子动了不该动的东西，这时候大人是阻止呢还是默许呢？本案例中，老师给了他充分的尊重和信任，一直没有干预。而是让他尽情去探索，给予他充分的自由发展空间，给儿童机会用自己的方式去发展自己。但不是一味地采取放任不管的措施，实际在这一过程中教师扮演着指导者的角色，很好地保护了孩子的探索欲望，然后再告诉他不能动这些东西。如果一发现就制止，孩子的好奇心就不会得到满足，便会逐渐失去探索的精神。

案例2：锡坤闯世界之探索蒙氏教室

行为观察：锡坤一个人来到蒙氏工作室，大李老师悄悄地跟在后面。他把白色小珠子撒了一些在地上，回头看看，大李老师并没有阻止，反而把地上的小方块捡起来，不断地轻轻撒向他。锡坤得到这个加盟者后更加兴奋，就将白色珠子全撒在地上。珠子在地上蹦蹦跳跳，发出清脆的响声，这时只见锡坤开心地满场跑……

可锡坤的兴趣却转移到她的头发上，锡坤发现大李老师的发卡后，大李取下来给锡坤看发卡，同时让头发散落（那一刻，大李美丽无比），让锡坤明白发卡的作用，大李随着锡坤探索需求而满足着锡坤……

最后，大李老师把头发梳理好，这时锡坤却发现了地上有一把刷子，他说了一声“刷”，便像模像样地收拾起撒落在地上的珠子，可能不太熟练，大李老师耐心地教他如何使用小扫帚和簸箕……师生二人又联手把屋子收拾得整整齐齐。在收拾的过程中，锡坤时不时地低头并用手摸自己的裤裆，大李老师问：“你尿尿了吗？”“待会老师给你换尿布。”……

行为分析：每个幼儿生来就是探索这个世界的精灵，他们对这个新奇的世界充满探索的欲望。2岁的锡坤正在经历空间敏感期，处于空间敏感期的幼儿的探索往往通过感知进行。如锡坤不断将小珠子踢来踢去发出响声，这一行为在某种意义上就是儿童对空间的一种感知。

行为指导：在进行了一段时间的“捣乱”探索之后，教师给了幼儿自我探索、尝试、操作的机会，目的在于引导锡坤的探索向高一级发展，以满足幼儿自我发展的需求。比如用蒙氏教具，使用蒙氏教具既满

足了锡坤对空间的认知，同时还发展了锡坤的逻辑能力，将锡坤引入“工作”的状态，这就是引领——向高一级的状态引导幼儿。在给予幼儿条件去发展的同时，也为幼儿建构了原则，比如在幼儿玩完玩具之后让他们将玩具归位或者和他们一起将玩具归位，摆放整齐。

案例3：床 下 取 鞋

行为观察：睡醒后，烨烨要穿鞋，他发现鞋子在床底下，就想着把鞋取出来。

一开始，烨烨趴在地上，他尝试用手去取。但是，他的手碰不到鞋子。于是，他将自己的身体紧紧地贴着床沿，他这样做，无非是想让自己的手臂伸得更长，从而能使手触摸到更远的地方。但是，他的手还是没有碰到鞋子。

也许，烨烨已经意识到单靠手臂的长度是不能碰到鞋子的。他站起了身，开始寻找能帮助他取到鞋子的工具。他在床铺下面的抽屉里找到了一根绳子。绳子是长长的，他可能会想，绳子比手长，它一定能碰到鞋子。但是，绳子虽然有长度，却没有硬度，绳子也没有碰到鞋子。烨烨尝试了，利用绳子取鞋的办法失败了。

这时，烨烨坐了起来，他开始尝试用腿去取鞋子。导致他这样做的合理解释应该是，他多少具有一些“腿比手长”的经验。他将一条腿伸到床底下，尝试着用腿去取床下的鞋，他的腿如同钟摆一样在鞋子的周围晃动。

这一次，他的脚碰到了鞋，但是，他仍然无法取出鞋。

他开始把两条腿一起伸到了床底下，有趣的是，他还用两只手紧紧地勾住床的侧板，这样做能使身体更多地进入床的底下，从而使两条腿更接近鞋子。

这一招起作用了，他的两只脚夹住一只鞋子，双腿如时针，按顺时针方向移动，将鞋慢慢地移出了床底。之后，烨烨用同样的方法取出了另一只鞋。

行为分析：这是一位教师在日常生活中捕捉到的一段个体儿童行为。难以想象一个这么小的孩子有这么大的能力，主人公烨烨是一个托班的孩子，中午起床后，他发现自己的鞋子被其他人不小心踢到床底下了，于是他想把鞋取出来。在取鞋的过程中，不停地尝试，他想了很多办法去解决“床下取鞋”这个问题，这个不断试误的过程，正是烨烨主动学习的过程，他在其中不断用原有的经验并建构着新的经验。

行为指导：《3—6岁儿童学习与发展指南》(2012)中提出：“教师要关注幼儿在活动中的表现和反应，敏感地察觉幼儿的需要，及时以适当的方式应答，形成合作探究式的师幼互动。”幼儿园的一日生活中的各个环节都蕴含着教育的契机，正如本案例中，教师敏感地注意到了幼儿在平常生活中的不平常之处，孩子自己在床下取鞋的过程，让我们清楚地看到了他的学习过程，即在解决问题中获取经验的过程。因此，在幼儿园的日常生活中，教师时刻扮演着观察者的角色，注意给予孩子一个自由活动的空间，不要太多地去干预其自主解决问题的活动，那么，也许幼儿有望得到很多东西。鼓励幼儿尝试错误，“试误”能够导致认知冲突，能有益于知识的建构。在学习过程中，当幼儿处于失败的状态时，教师不要急于给予帮助，而要根据具体情况作适当处理。

案例4：数 数 有 多 少

行为观察：今天我组织的是数学活动“数数有多少”，活动一开始，我出示了满满的一筐苹果，孩子们发出了“哇！那么多”的喊声，我突然问：“你们谁知道这里究竟有多少苹果？”“我知道！我知道！我能数很多了。”也是的，说起数数，我们班的孩子能一口气数到100，而面对满满一筐子的苹果，孩子们似乎乱了章法，由于他们太急于得到结果了，并没有过多地考虑，蹲下就各自数开了。他们拣最大的往自己跟前拿，一边拿一边大声地数：1个，2个，3个，4个，5个……数着数着互相之间就有了干扰：小伟数到7的时候，李宇航一个劲儿说9，小伟生气地说：“你小点儿声，我都数不了了。”王铭着急地叫张涛：“等会儿，这几个我都数过了，你怎么还数呀？”张涛说：“我不知道，咱俩的都混一块了。”我见时机已到，是引导孩子们想办法解决互相干扰问题的时候了。于是我大声问孩子们：“怎么样，数清楚了吗？苹果到底有多少啊？”孩子们异口同声地说“没有。”显然孩子们的情绪受到了影响。

“为什么呢?”我接着问。

“因为他老给我捣乱,我老数不对。”

“因为人太多了,挤在一块儿都混了。”

“他们声儿太大了,吵得慌。”

“那怎么才能数清呢? 大家都想一想,谁有好办法把苹果数清楚?”听我这么一问,孩子们渐渐地安静了,认真地思考起来。

刘洪海第一个说:“老师,我想还是一个人数吧,这样不吵。”孩子们也都一致同意由一个人数。于是老师请刘洪海自己来数,可是他刚数到一半就数不下去了,大家发现他把数过的和没数过的混到一起了。

这时张涛提议两个人来数,一人数一半。得到大家的同意后,他邀请李宇航一起数,两个人商量着:“你从这边数,我在那边数,咱俩离得远一点儿。”说完两个人一人把着一头数了起来,张涛把苹果排成长长的一溜儿,李宇航则把苹果摆成三角形,这下界限非常明显,很容易区分,虽然最终没有数出总数,但是他们的方法得到了老师充分的肯定。

一直坐在后排没有说话的孙悦,非常自信地站起来说:“老师,我有办法把苹果数清楚。”说完她就蹲下来,但是她并没有着急数,而是将所有的苹果都翻成把儿朝上。孩子们聚精会神地看着孙悦数一个,就把一个苹果翻过来放在一边,直到数完最后一个,她站起来笑笑说:“我数完了,一共有36个苹果。”

行为分析: 开展数学活动之前,首先要依据教育的目标、幼儿已有的发展水平以及幼儿的兴趣、需要,制订本次活动的具体目标,选择相应的教学内容、教学方法和活动的组织形式。教师没有直接告诉小朋友怎么数,而是让其自我探索,到底有多少个苹果,在摆弄操作材料的过程中(教师准备了一筐子的苹果),使幼儿充分感知、体验、探索;在教师的指导下(当小朋友发生干扰了,启发引导大家想想办法,怎么才能数清楚呢),引导幼儿用数学的角度去观察周围的物体,关注物体的形状和数量;在活动中不断启发思考,尝试不同的数苹果方法(不断地尝试几种数苹果的方法,一开始一个人数、两个人分头数,再到把苹果全部摆好让把儿朝上,数完一个翻过来……),促进幼儿逻辑思维能力的发展。

行为指导:《幼儿园教育指导纲要(试行)》(2001)中明确指出:“引导幼儿对周围环境中的数、量、形、时间和空间等现象产生兴趣,建构初步的数概念,并学习用简单的数学方法解决生活和游戏中某些简单问题。”也就是说,将数学教育融于幼儿生活之中,便于幼儿充分感受生活中的数学及乐趣,在不断与材料、同伴、教师相互作用的过程中,解决生活和游戏中的简单问题,逐步建构数学经验,获得主动发展。因此,我们就要从观察、了解幼儿入手,满足幼儿的兴趣和需求,激发幼儿内在的学习动机;在生活和游戏中为幼儿创设问题情景,使幼儿感受到数学的乐趣和用途;不断引导幼儿在解决实际问题的过程中,运用数学方法和经验,提高数学能力,从而真正实现在生活中渗透数学教育的目的。

【本章习题】

1. 简述不同年龄阶段幼儿认知发展的特点。
2. 举例说明儿童的认知活动具有哪些规律。
3. 论述学前儿童认知活动的基本观察指导策略。
4. 以你观察到的某个儿童的认知活动为例,分析行为产生的原因并提出教育策略。

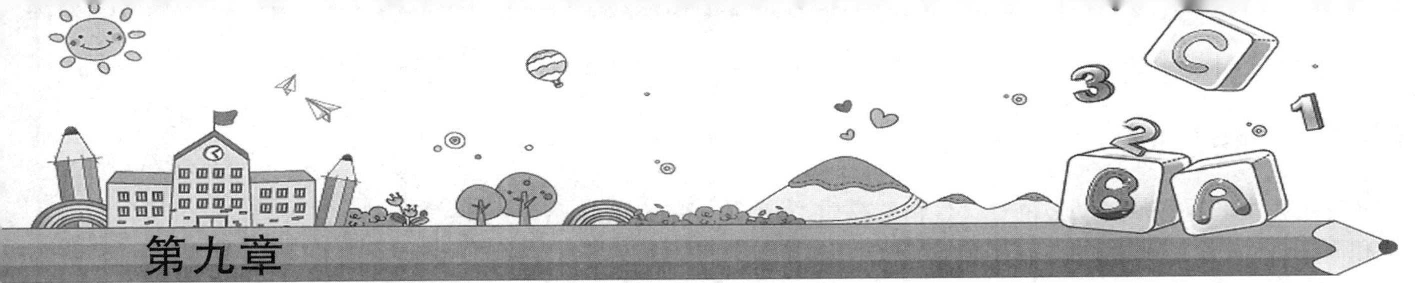

第九章

儿童情绪、情感活动中的儿童行为观察与分析

学习目标

1. 认知：了解情绪情感的含义、种类，理解情绪情感活动在儿童心理发展中的意义。
2. 技能：能够运用理论对学前儿童情绪情感活动进行观察和分析。
3. 情感：提高关注儿童情绪情感发展的基本意识，树立正确的教育观。

经典导学

看脸色行事

视崖实验是吉布森设计的研究婴儿深度知觉的经典实验。利用视崖装置同样也可以研究情绪的社会性参照作用。

研究者将12个月大的婴儿置于视崖装置中间的平台上，还是由母亲站在装置的一边鼓励婴儿拾取玩具。当将玩具放在“浅侧”时，婴儿很容易地取得玩具；当母亲站在“深侧”一边，而将玩具放在“深侧”的“断崖”处，婴儿的深度知觉使他对爬向“深侧”的行为和取得玩具的目的产生了犹豫。显然，这个犹豫是由于环境的不确定性造成的。于是，婴儿抬起头看着妈妈的脸。这时，如果妈妈的面部表情是正向的肯定和鼓励，婴儿就消除顾虑，爬向“断崖”处取得玩具；如果母亲的面部表情是负向的恐惧和威吓，婴儿就停滞不前，不去取玩具。可见，社会性参照作用即养育者的情绪直接影响着儿童的行为。

（资料来源：王振宇.学前儿童发展心理学[M].人民教育出版社，2011：117）

第一节　情绪情感活动概述

一、情绪、情感活动的含义

情绪、情感活动作为完整教育活动的重要组成部分，就其内涵而言，它不是教学方法，而是一种教育思想，一种教育观念，它把情绪、情感作为人发展的重要领域之一，对其施以教育的力量，促使个体的情绪、情感潜能在新的教育氛围内发生新的质变，以实现个体身心和谐发展。幼儿情绪情感活动是幼儿教育过程的一部分，它关注教育过程中幼儿的态度、情绪、情感以及信念，以促进幼儿的个体发展。通过在教育过程中尊重和培养幼儿的社会性情感品质，发展他们的自我情感调控能力，促进他们对学习、生活和周围的一切产生积极的情感体验，形成独立健全的个性与人格特征。

二、情绪、情感活动的意义

幼儿期是健康情感形成的关键期，也是情感教育的最佳期。《幼儿园工作规程》强调，应把情感教育作为早期教育的重要领域，从理论到实践确立情感教育在早期教育中具有的特殊地位。2001年发布的《幼儿园教育指导纲要（试行）》在健康、语言、社会、艺术等领域的教育内容与要求中也分别强调幼儿情感参与和情感表现。

1. 情绪、情感活动对幼儿身体发育的价值

巴甫洛夫指出："愉快可以使你对生命的每一次跳动、对于生活的每一印象易于感受，不论躯体和精神上的愉快都是如此，可以使身体发展、身体健康。"《内经》提出："怒伤肝，喜伤心，思伤脾，忧伤肺，恐伤肾。"七情不可为过，过激就会损伤脏器，有害于身体。因而，对幼儿进行情绪、情感活动，让幼儿获得积极、愉快的情感体验，对于促进幼儿身体健康发育具有重要作用。

2. 情绪、情感活动对幼儿心理发展的价值

(1) 情绪、情感活动是促进幼儿社会化的重要因素。

社会化是指个体接受其所属社会的文化、规范，成为该社会的有效成员，并形成独特自我的过程。个体社会化的过程也就是个体与社会环境尤其是人际环境的相互作用过程，并逐步适应社会生活。这种适应表现为对自己、他人、环境的关心与对话，其核心就是交往能力。幼儿的消极情绪会阻碍幼儿适应周围环境以及良好人际交往能力的发展，不利于其社会化进程。幼儿情绪、情感活动，通过培养幼儿互助、同情和爱心，养成基本的礼仪与行为，让幼儿逐渐学会尊重别人、悦纳别人，在交往中领略分享与合作的快乐，产生积极、愉悦的情感情绪。伴随着积极的情感体验，幼儿可以迅速适应周围环境变化，更愿意上幼儿园，参加各种活动，在活动中建立与他人，尤其是与同伴和教师的和谐关系，以此促进幼儿交往能力的发展，使幼儿更好地适应社会生活，促进其社会化发展。

(2) 情绪、情感活动是促进幼儿认知发展的重要辅翼。

新皮亚杰学派认为，情感性是认知发展的动力，同时调节认知结构的发展。罗杰斯的非指导性教学，也主要强调通过培养积极情感来推动认知学习，促进创造力发展。从认知这一角度来看，在3—6岁的幼儿期，无意注意占主导地位，由于无意注意与兴趣、情绪关系密切，有时也被称为情绪注意，由于幼儿的认知活动带有明显的无意性特点，不论感知、记忆、想象、思维都受情绪的影响。积极的情绪可以形成脑力活动的旺盛动力，表现出非凡的记忆力、高度专注和非同寻常的创造力并提高认知活动的效率；相反，痛苦、惧怕等消极的情绪，会降低活动效率，甚至引发不良行为，对幼儿的认知活动有明显的抑制和阻碍作用。这正反作用在幼儿身上表现得特别明显。因而，在幼儿阶段培养幼儿积极、健康的情感，提高改善幼儿的情感状态，对幼儿的认知包括观察力、想象力、记忆力、创造力、思维力等的发展具有重要推动作用，为幼儿以后的学习打下坚实的基础。

(3) 情绪、情感活动是幼儿健全人格的重要保障。

健全人格是指人格的各构成要素如情感、意志、性格等健康、全面、和谐地发展，其中，情感居于健全人格的基础地位。美国心理学家伊扎德主张，人格由包括情绪在内的六个子系统构成，在由它们组成的动机系统中，情绪起着核心作用。因此，情感不仅是健全人格的必要构成，还对性格、意志等人格要素的发展具有催化、整合的作用。幼儿情绪、情感活动，通过培养、发展幼儿的情感，以形成新的积极情感，使情感趋于完整。同时，亦对幼儿的消极情感加以预防、调控，使其情感保持健康状态。无数实例业已证明，人格缺陷、人格障碍往往与个体的消极情感相关。故而，不良情感的存在，是人格缺陷、人格障碍的重要诱因和表现。幼儿期又是人格形成的关键时期，因此，幼儿情感教育对于幼儿积极、健康情感的培养，对塑造幼儿健全人格具有重要作用。

三、幼儿情绪、情感的发展特点

1. 幼儿情绪能力的发展特点

情绪具有建立、维持和改变个体与外界关系的功能，情绪的这种功能被广泛认为是一种能力，即情绪能力。Denham 则将儿童情绪能力分解为情绪表达、情绪理解和情绪调节。国内大多数研究者也认可该分类方法。因此，本节选择 Denham 的情绪能力划分法，将儿童情绪能力划分为情绪表达、情绪理解和情绪调节。

(1) 情绪表达能力的发展。

情绪表达是指常常伴随被感觉到的情绪而出现的脸部、声音和身体活动的可观察到的变化，其性质和特点在很大程度上是受一个人的推理水平、动机状态和价值观以及他的家庭和社会成员的行为和情绪所影响。

情绪语言的获得影响儿童的情绪发展，大多数孩子一旦开始学习说话，他们的情绪词汇就得到了迅速的发展，他们常常说出自己和他人的情绪。在 2 岁以后，儿童情绪词汇表达发展特点表现为：2—12 岁儿童均提及的情绪词：高兴、开心、害怕、生气；2—3 岁组儿童开始使用简单词汇表达情绪；3—7 岁组儿童对基本情绪的种类逐渐分化、情绪词汇日益丰富。

情绪表达策略是个体根据规则调节外部情绪的方式。常见的四种情绪表达策略有：掩饰，用一种表情掩盖真实情绪；平静化，用平静表情替代真实情绪；夸大，增大真实情绪的表现强度；弱化，降低真实情绪的表现强度。有研究者考察了 101 名 3—5 岁幼儿在生气、高兴和伤心情境中的情绪表达策略。结果显示，幼儿夸大策略使用较多，仅次于掩饰，平静化策略运用最少；年龄越大策略使用次数越多，4 岁时策略发展较快，是其关键阶段；生气情景中掩饰策略运用较多，伤心情景中掩饰和夸大策略运用较多，高兴情境中综合运用掩饰、夸大和弱化策略；父母在场时更倾向于用掩饰策略，在好朋友面前综合运用掩饰和夸大策略；女孩比男孩更擅长运用策略，其平静化策略运用更多，且女孩更愿意向好朋友而非父母表露真实情绪。有关研究发现，在失望情境下 3—5 岁幼儿运用表达策略的频次随着年龄的增长而增加，其中掩饰、平静化策略使用较多，夸大、弱化策略使用较少，所有策略性别差异不显著。

综上所述，幼儿情绪表达在学前期依然表现为外显化，即当哭则哭，当笑则笑，同时，也会随着生理和认知成熟，表现出对一些简单情绪表达规则的遵循。

(2) 幼儿情绪理解能力的发展。

情绪理解能力是情绪能力的重要组成部分，幼儿能够对所面临的情绪线索和情境信息进行解释的能力，即幼儿能够识别自己和他人情绪状态的过程。面部表情和情境中的情绪识别是幼儿情绪理解研究中主要考察的内容。面部表情识别是根据面部表情推测一个人的情绪状态；情绪情境识别是指在特定情境中对主人公的情绪进行识别或推断。

已有研究发现 3 岁幼儿能够正确识别面部表情，并能正确运用面部表情，而且开始能识别引发情绪的情境，但是，也有研究发现，年幼儿童能准确理解他人在情境中的情绪。在面部表情识别上，3—6 岁幼儿的识别能力随着年龄增长呈逐渐上升趋势，即对面部表情的高兴、伤心、生气和惊讶的识别年龄差异效应显著。在语调表情的识别上，则未发现幼儿的这种发展趋势，这可能是因为语调表情缺乏视觉线索，其识别难度比面部表情识别难度大，需要一个长期的社会化过程才能掌握的缘故。两类研究相比较而言，可以发现，幼儿对情绪的识别更依赖于面部表情的识别。

幼儿对积极情绪的识别显著高于消极情绪识别，即幼儿对面部表情的识别顺序为高兴、生气、伤心、恐惧，对情绪情境识别的顺序为高兴、恐惧、伤心和生气。相对而言，儿童更容易识别积极情绪或情境。幼儿对积极情绪情境的理解能力在 3—5 岁之间即达到成熟水平，有研究者发现，在积极情绪情境的理解任务下，不论情境与情绪的关联程度如何，绝大多数幼儿都能正确推断具有积极行为的主人公情绪为何表现为高兴。

(3) 幼儿情绪调节能力的发展。

情绪调节是个体为了达到某种目的，通过一定的策略和机制，对情绪反应进行监控、评估、调节，改

变情绪反应的强度、持久度等特征的过程。情绪调节策略是指为达到情绪调节的目的,个体进行的有机会、有意图的努力和做法。

学前幼儿的情绪调节策略分为消极情绪和积极情绪应对策略,在消极情绪调节策略方面,有研究者在实验情境的观察基础上,分为六种:替代活动、问题解决、自我安慰、认知重建、发泄和被动应付。李秀文将儿童在压力情景中的策略分为三类:破坏性的消极行为、被动无为的反应和积极的解决问题的策略。在积极情绪调节中,儿童更多采用重视和宣泄两种策略。总而言之,无论积极还是消极情绪调节,从适应性的角度来看,均可以划分为积极调节策略和消极调节策略两种。积极调节策略是指情绪调节策略能够适应环境,而消极情绪调节策略则是指无法达到良好适应。

学前儿童调节策略的发展特点表现为,最常用的情绪调节策略为替代活动,发泄策略运用最少,并随着年龄的增长而减少。问题解决和认知重建调节策略运用次数随年龄的增长而增长。中大班幼儿,在认知重建策略和问题解决策略的运用次数高于小班幼儿,而发泄策略的运用次数低于小班幼儿。中班和大班幼儿之间不存在显著的差异。与较大的儿童相比,学前儿童在情绪调节中更多地寻求社会支持和成人帮助。

综上所述,幼儿随着年龄的增长,调节策略越来越丰富,逐步学会独立地进行积极的情绪调节。中班是幼儿情绪调节策略发展的转折期,中班和大班幼儿情绪调节策略无差异。

(4) 幼儿情绪能力与社会适应。

随着情绪领域研究的深入与发展。研究者们已经不再停留于情绪能力自身概念、特征、影响因素等基本问题的阐释,开始关注情绪能力与其他要素的复杂关系,情绪能力与社会适应就是其中讨论最多的一项。

幼儿在社交情境中表现出的情绪能力存在较大的个体差异,有的幼儿容易被同伴接纳与喜爱,而有的幼儿则表现出较多的攻击和欺负行为,还有一些幼儿在面对一些挑战和困难的时候,只会一味地退缩与回避,不敢挑战自我,害怕困难。幼儿情绪能力是其社会适应的基础,良好的情绪能力,能够帮助幼儿更好地适应社会,反过来讲,幼儿社会适应是体现其情绪能力的指标,也是情绪能力发展的情境,即情绪能力体现在社会适应中。

情绪能力与同伴关系的相关探讨是情绪能力与社会适应相关的重要课题之一,情绪能力在儿童社会适应,尤其是同伴关系的形成和发展过程中具有重要的作用。已有研究在情绪理解、情绪调节与同伴关系的相关研究方面关注较多。情绪理解能力能够帮助儿童识别他人表情、预测别人对自己的行为所产生的情绪,为同伴之间情绪交流和社会关系提供基础,因而对其个体发展和同伴接纳水平具有重要作用。Denham 等人的研究发现,能够产生较多表情和能够确认较多表情的儿童更受同伴欢迎,儿童表情识别、情绪理解能正向预见儿童的社会偏好,这是同伴关系的重要指标;Garner 的研究发现,幼儿对引发情绪的情境的正确认识水平与其受同伴接纳的水平显著呈正相关,不同同伴地位的儿童在表情识别和情绪理解方面存在显著差异,受欢迎儿童得分显著高于受拒绝儿童,幼儿同伴接纳程度不仅与其情绪理解能力呈正相关,而且同伴接纳程度对幼儿情绪理解能力也具有预测作用。

综上所述,良好的情绪能力能够预测幼儿的同伴接纳状况,情绪能力在儿童发展、社会适应中具有重要意义,情绪能力好的幼儿能更深刻地认识到自己和他人的情绪情感,获得更为丰富的情绪体验,然后对各种情绪做出积极的调控,从而帮助自身维持良好的身心状态,与他人保持和谐的人际关系,促进幼儿素质的全面提高。因此,情绪能力的培养离不开社会交往。情绪能力的培养需要根植于同伴交往的情境中,这必须遵循幼儿同伴关系发展的规律。

2. 幼儿情感活动的发展特点

(1) 情感的丰富和深刻化。

幼儿情感的丰富表现为:一是情感体验继续分化。虽然儿童情绪的分化主要发生在两岁之前,但在幼儿期也继续出现一些高级情感,如尊敬、怜惜、友谊感、集体荣誉感等。二是情感指向的事物不断增加,有些先前并不引起儿童情感体验的事物,随着年龄的增长,引起了情感体验。例如,父母、教师对幼儿的态度经常不断地引起幼儿愉快、自豪或委屈等情感体验。

幼儿情感的深刻性表现在它指向的事物的性质的变化，从指向事物的表面现象转化为指向事物的内在特征。例如，年幼儿童对父母的依恋，主要是基于父母满足他的基本的生理需要，较大的儿童则已包括对父母的尊重和爱戴等内容。

(2) 情感的稳定性逐渐提高。

幼儿的情感带有明显的情境性，易随外界情境变化而变化，对立的情绪可在短期内相互转换。例如，破涕为笑的情形在幼儿身上是经常发生的。而且年龄越小表现越明显。幼儿的情感常因外界环境的影响容易受感染和暗示。例如，初入园的幼儿，常常因其他小朋友哭或笑，也跟着哭或笑起来。

随着年龄的增长，幼儿脑机能和言语不断发展，其情感稳定性逐步提高，表现为情绪的冲动性、易变性减少。幼儿早期由于大脑皮层的兴奋容易扩散，加上大脑皮层对皮层下组织的控制能力发展不足，因此情绪冲动易变。到了幼儿晚期，幼儿对情绪的控制能力逐渐发展。最初幼儿是在成人的要求下，服从成人的言语指示被动地控制自己的情绪，后经在日常生活和各种集体活动中成人不断的教育和要求，逐步养成对情绪的自控能力。

(3) 社会性情感的发展。

3 岁前儿童的情绪反应主要是和他的生理需要是否得到满足相联系的，但已有了最初的与社会性需要相联系的情感的萌芽。到幼儿期，社会性情感不断发展，出现了道德感、理智感和美感等高级情感。

① 道德感的发展。

3 岁前的婴儿只有某些道德感的萌芽，如对成人的赞扬感到高兴，听到批评后就会不高兴或难为情。进入幼儿园后，随着各种行为规范的掌握和成人对其道德评价的影响，幼儿的道德感逐渐发展起来。最初，只知道哪些是好，哪些是不好；以后渐渐知道为什么好，为什么不好，就这样幼儿在初步明辨是非的基础上，产生了一定的情感体验。如自豪感、羞愧感、友谊感、同情感等。

② 理智感的发展。

幼儿理智感的发展表现为好奇、好问和强烈的求知欲。一般来说，5 岁左右，理智感已明显地发展起来。例如，这个年龄的幼儿不断向成人提出各种各样的问题，喜欢进行各种智力游戏，如下棋、猜谜语等。

③ 美感的发展。

幼儿的美感主要表现为喜爱鲜艳的物体，如漂亮的画册、新衣服、美的环境等。在环境和教育影响下，幼儿对音乐、美术、诗歌等艺术作品体验到美，而且对美的评价标准也日益提高。

幼儿期是儿童各种情感形成、发展的时期，他们可能形成积极、健康的情感，也可能形成消极、不健康的情感。注意培养幼儿良好的情感，对于幼儿的身心发展都是大有裨益的。因为良好的情感，不仅可以成为幼儿良好行为的动力，也可以对幼儿的认识过程诸方面发生积极的影响，同时，还可以促进幼儿良好个性品质的形成，并为今后的情感乃至情操的发展奠定良好的基础。

第二节　儿童情绪、情感活动的指导策略

一、营造良好的情绪环境，使幼儿经常处于愉快的情绪状态

一般来讲，单调、枯燥乏味的活动容易让人疲劳，从而产生厌倦、不快的情绪；而愉快使人放松、舒适，有益于幼儿的身心健康，因此成人有责任为幼儿营造良好的情绪环境，创设丰富的生活内容，使幼儿生活在轻松、活泼、多样化的生活环境中，充分享受生活的乐趣，同时要注意激发幼儿对周围事物的广泛兴趣，让幼儿感到快乐和满足。

二、丰富幼儿的情感体验，帮助幼儿认识情绪情感

教师要通过组织丰富的活动，引导幼儿关注自己在活动中的情绪体验，比如，悲伤、恐惧、愉快、喜

悦、失落等，同时教给幼儿表达情绪情感词汇，帮助幼儿认识情绪情感，让幼儿知道哪些情绪情感是对身心有益的，哪些情绪情感是对身心有害的。

三、创编情境游戏，促进儿童情绪理解

利用各种媒介，如童话故事、动画片、电视故事中的情境来引导幼儿情感体验，也可以把生活中的事编成故事，讲给幼儿听；鼓励孩子运用替代想象，即在特定情境中，或在感受了一定的情绪体验之后，想象自己处于别人位置时的感受；或者采用装扮游戏的活动，引导儿童进行社会性表征，一个装扮成其他人的儿童也必须反映被装扮人的感知、情绪、思想和愿望，会有效地促进儿童情绪理解能力的发展。还可运用创造性戏剧进行幼儿情绪教学。在戏剧情境中，教师利用不同戏剧技巧引导儿童运用自己的身体、动作、声音和语言，去分享心中的想法与感觉，并同理另一个人物的观点和处境。

四、引导幼儿学习一些情绪调节方法

情绪调节是个体通过一定的策略或机制管理和改变自己情绪的过程，是个体情绪智力的重要品质之一，也是幼儿情感教育的重要内容。幼儿的年龄特征决定其心理和行为容易受情绪的影响，自我控制能力比较差。尤其是独生子女在家庭中的特殊地位，加上成人不良的教育方式，导致越来越多的幼儿暴露出情绪方面的问题，他们或稍有不如意就整天闷闷不乐，或因一点小事一触即发、歇斯底里、暴跳如雷，自我控制能力差。

幼儿的情绪调节能力主要表现在两方面：一方面表现为幼儿能对自己的不良情绪和冲动，如任性、执拗、侵略性、攻击性等加以适当的调节和控制；另一方面表现为幼儿能常常有意识地使自己保持高兴愉快的情绪。概括来说，就是既有控制又有宣泄，把情绪调控在一个与年龄相称的范围内，以促进情感的健康发展。

幼儿情绪的调节并不是随年龄增长而自然发展和提高的，而是需要家长、教师在日常生活中有意识地加以教育和培养，引导幼儿初步利用一些情绪调节的方法，学会自我调节和控制情绪。

1. 转移注意力

转移注意力就是把注意力从引起不良情绪的事情转移到其他事情上，这样就可以使人从消极情绪中解脱出来，从而激发积极、愉快的情绪反应。当幼儿情绪不好时，成人可引导其做一些感兴趣的活动，如绘画、涂色、玩泥、玩沙、玩水、唱歌、跳舞，或回忆自己高兴、幸福的事，使幼儿的消极情绪转化到积极情绪上去。

2. 合理发泄情绪

合理发泄情绪是指在适当的场合，用适当的方式，来排解心中的不良情绪，它可以防止不良情绪对人的危害。包括：

① 对自己的情况进行诉说、说明、申辩；

② 可适当地哭一哭、痛快地喊一喊来缓解紧张情绪。

因为幼儿年龄小，不能完全理解自己内心发生的事情，不可避免地会发生某种程度的焦虑或不满。而合理发泄情绪正好可以使幼儿的不愉快情绪得到释放和缓解，有利于积极情绪情感的发展。需要注意的是，发泄情绪不是任性和胡闹。一定要合理、适度，要既不损害自己，也不损害和影响他人。

3. 用语言而非用行为表达不良情绪

很多时候，幼儿会本能地用行为来表达其不良情绪，如用攻击性行为来表达自己的愤怒，用号啕大哭表达自己的伤心、委屈等。成人要通过示范、引导、要求，让幼儿逐步学会用语言表达自己的情绪。

4. 用想象法控制不良情绪

引导幼儿在遇到挫折、困难时，想象自己是“大哥哥”“大姐姐”或某个幼儿崇敬的英雄人物等，来帮助自己对不良情绪进行控制。

随年龄增长，在正确的教育和引导下，幼儿调控情绪及恰当表达情绪的能力均在不断增强。

五、利用儿童文学艺术作品培养幼儿社会性情感

文学艺术作品最富于感染力，也最为孩子所喜爱。在很多优秀的儿童文学艺术作品中，常常蕴涵着深刻的为人处世的道理以及人们共同生活的社会准则。相关研究成果表明，幼儿在早期所接触的文学艺术作品对其情感发展有着很大的启蒙作用，优秀的儿童文学艺术作品能够在潜移默化中引导幼儿社会性情感的发展。因此，选择适宜的儿童文学作品，挖掘儿童文学作品中能培养幼儿社会性情感的内容，设计并实施适切的教学内容，使幼儿在与作品对话的过程中感受不同的情绪体验，这对于发展幼儿的道德感、理智感、审美愉悦，发展幼儿的人际交往，形成积极的社会情感以及控制负面情绪等具有不可替代的作用。

案例分析

案例一：小帮手哭了

行为观察：立立(3岁10个月，男，小班上学期)属于班上个子高的男孩，身体壮，动作幅度也很大。立立喜欢发言，还能做老师的小帮手，发东西、收集牌子就由他来做，立立平时很少哭，可今天是个例外。

今天，立立和洋洋在一组玩游戏，玩的过程中把游戏材料撒了一地。老师提醒说："请把地上的东西捡起来。"立立捡起来后，又往地上扔。忙碌的老师见状，压低声音说："不可以。"显然，没有效果。立立还在扔。第三次，老师什么也没有说，自己收起东西，问全班小朋友："游戏材料可以撒一地吗?"全班小朋友齐声回答："不可以。"立立顿时觉得难过，眼泪在眼眶里打转。接着，老师凑过来说："可以乱丢材料吗?"立立回答说："不可以!"说完，哇的一声钻进老师的怀里哭了，哭得特别伤心。老师抱了抱立立说："知道就好了，下次不这样做了。"立立点了点头，也慢慢停止了哭泣。

行为分析：一贯表现出色的立立，几乎每天都会得到老师的表扬。立立有着很强的自尊心，性格也很要强。今天在全班面前被老师这样说，顿觉丢了面子。承认错误后的哭，是一种情绪的宣泄。

立立虽然在班上各方面表现出了比较好的发展，但在认知上，依然要成人提醒；在情感上，依然依赖成人的评价。立立很看重老师对自己的评价。当老师的要求和自己顽皮的天性发生矛盾时，立立选择了随心所欲。立立不知该如何化解老师批评时的尴尬，便用哭来宣泄，是极其正常的表现。

行为指导：老师及时的询问和善意的提醒，让立立对自己能做个好孩子，深信不疑。孩子不总是乖巧听话，老师批评的是错误的行为，对事不对人。当孩子确认这点后，自然释怀了。趴在老师怀里哭是一种合理发泄情绪的表现。合理发泄情绪是指在适当的场合，用适当的方式，来排解心中的不良情绪，它可以防止不良情绪对人的危害。包括：

① 对自己的情况进行诉说、说明、申辩；

② 可适当地哭一哭来缓解紧张情绪。

因为幼儿年龄小，不能完全理解自己内心发生的事情，不可避免地会发生某种程度的焦虑或不满。而合理发泄情绪正好可以使幼儿的不愉快情绪得到释放和缓解，有利于积极情绪情感的发展。

案例二：安静的轩轩

行为观察：轩轩(3岁6个月，女，小班上学期)，是小班来到这个班的，没有和大家一起上托班，来园一个月后的轩轩仍然不怎么参加活动。一天早晨，入园时已经哭了一阵的轩轩坐在座位上，不声不响。带班的王老师正在门口忙着接待刚刚入园的孩子，还没有来得及注意到轩轩，轩轩又开始伤心地哭起来，王老师听到哭声，对轩轩说："老师知道可能轩轩有点想家。"又安慰了几句，便拉着轩轩的手，到门口一起接待来园的小朋友。不久后，小朋友都到齐了。王老师开始点名，她一直没有松开轩轩的手。轩轩渐渐不哭了，情绪开始缓和，很快开始东张西望了。

行为分析：轩轩入园只有一个多月，来到一个新班级，班级的小朋友大多已经很熟悉了。轩轩要进入新团体有些困难。她首先要克服分离焦虑。分离焦虑是因为儿童要离开熟悉的爸爸妈妈、熟悉的环境，而引起的焦虑。也就是说，正因为与父母或主要照顾人之间有着亲子依恋，所以才在分离时感到不适应。哭是儿童的诉求，也是一种权利。她通过哭来告诉老师："我很难过"；通过哭也宣泄了内心的压抑情绪。老师及时地安慰和一直握紧轩轩的手，就是在和轩轩建立新的依恋关系——师生依恋。老师还要让她能融入小朋友的活动中，以建立同伴依恋。在幼儿园有了新的依恋关系，能喜欢幼儿园的人、事、物，轩轩就不会再因为分离焦虑而哭了。

行为指导：《幼儿园教育指导纲要》将"在集体生活中情绪安定、愉快"作为健康教育的首要目标，将"让幼儿在集体生活中感到温暖、心情愉快，形成安全感、信赖感"作为健康教育的首要内容。所以，发展儿童良好的情绪应该放在幼儿园教育的首位。以下是处理幼儿入园情绪问题的常用方法：

(1) 开学之前做好与家长的沟通，熟悉儿童，让家长带儿童到幼儿园参观，使儿童熟悉环境，激发上幼儿园的愿望。

(2) 组织各种生动有趣的活动，展示新颖有趣的玩具吸引儿童，转移儿童注意力。

(3) 多与儿童个别交流，安定儿童情绪。

(4) 引导儿童学会适时适地适度发泄情绪。

(5) 微笑是社会交往的重要媒介，用微笑的表情、亲切的话语向儿童传递情感信息，增进与儿童之间的感情，减少对亲人的依恋。

案例三："任性"的妮妮

行为观察：19个月的妮妮，开始说一些简单的话。于是，她开始要这要那，表达意愿。妮妮还喜欢胡写乱画，冰箱上、墙上、空调上，画得到处都是。只要大人一说，妮妮就会哭闹不休。父母经常发愁地说："我们孩子怎么这么任性！"

行为分析：情绪的理解是情绪调节的前提，情绪理解能力又与认知能力有关，而19个月的妮妮的情绪认知十分有限，她此时的情绪依托情境，受情境的感染，不能真正理解对方所说的理由和意图。19个月儿童的情绪体验也很有限，还不善于用语言表达自己的感受并进行自我安慰和调控。

行为指导：一般人们把"任性"理解为不讲道理，听不进去别人的劝解。如果一旦给儿童贴上任性的标签，那么儿童就开始生活在不公正的待遇中，儿童的正常情绪表达被看作任性，正常的要求被冠以不讲理，成人可以堂而皇之地根据自己的心情，来决定要不要理睬、接受儿童的情绪和要求。"任性"的标签会产生皮格马利翁效应，犹如在孩子内心种下"我是个不听话的孩子"的种子，消极的暗示会下意识地影响儿童以后的行为，他会按照任性的标准和要求来做事情。情绪的调控是一个不断观察、不断学习、不断形成新的条件反射和不断接受强化的过程。成人应多与儿童交谈，指导儿童表达情绪，避免给儿童贴标签。学前儿童的情绪理解和情绪调控实质上就是情绪与认知、行为指导意志的关系，它体现着心理过程的协调发展，也体现着人际关系与儿童情绪发展的本质联系。

案例四：暴脾气的豆豆

行为观察：豆豆，中班，男孩，个头高大，很有力量。豆豆和虫虫两个孩子在互相丢沙包玩，相互扔了几次后，虫虫不小心把沙包丢到了豆豆脸上，豆豆哭着走上前去，抓住虫虫的头发，虫虫则抓住豆豆的衣服，豆豆在虫虫手上狠狠地咬了一口。张老师看到了连忙赶过来，一手拉开两个小朋友，豆豆此时哭得更厉害了。老师把虫虫抱到一边，用毛巾敷了下虫虫的手，虫虫表情很严肃，但没有哭。

行为分析：4岁儿童情绪和情感方面的特点：处在情感不稳定期，表现为放肆和粗鲁而不是发脾气；行为更加独立，有自己的想法，这可能会引起一些冲突。据此，豆豆在情感上表现出了不稳定的特点。与之比较，豆豆遇到冲突后采取了更加过激的行为，主动上前打人。在豆豆身上，我们不仅仅看到了情感的不稳定、发脾气，还能够看出豆豆情感的脆弱。比如：记录中的两次哭(豆豆打人的时候在哭；老师制止后，哭得更厉害了)，这表明了豆豆脆弱的情绪情感。

行为指导：认知上，教师对豆豆晓之以理、动之以情，告诉豆豆："发脾气是可以的，发脾气代表你不高兴，需要宣泄，老师理解你的感受。但是，老师不允许发脾气时打人的行为。"教师对豆豆的攻击性行

为要坚决制止，进行批评教育。

情绪上，豆豆的不良情绪需要及时宣泄，但必须顾及宣泄的手段和后果。豆豆如果生气，可以选择大声说出自己的感受，也可以求助老师。中班儿童已经可以对受伤害的儿童显示出同情心，也就是说，豆豆经过老师的引导也可以达到这样的目标。所以，老师在处理冲突时，让豆豆意识到虫虫的伤很疼，并表现出同情的情感。

行为上，豆豆的攻击性行为成为他处理冲突的行为方式，这种方式必须得到矫正。教师首先让豆豆冷静下来，培养豆豆控制自己情绪的能力。然后教师可以在以后的活动中，培养豆豆语言表达能力和社会交往策略。

【本章习题】

1. 简述幼儿情绪情感活动的意义和价值。
2. 举例说明幼儿情绪情感活动的指导策略。
3. 选择幼儿园小、中、大班幼儿各一名，观察记录其在自由活动中的情绪表现和情绪调节，分析不同年龄幼儿的发展特点及指导策略。
4. 选择幼儿园大、中、小班之一创设一份幼儿园情绪情感活动设计。
5. 案例分析：肯肯，男孩、小班幼儿，是个特别淘气的男孩，幼儿园的第一天，肯肯就显示出他的与众不同来。别的孩子在因为父母的离开而哭闹时，他尤其活跃，一会跑到玩具角玩玩具，一会左冲右撞、跑来跑去，他特别的高兴和兴奋。正当老师为他的出色表现和他那高兴劲而表扬他时，情况不妙了。肯肯手舞足蹈、高兴得忘了形，将坐在旁边的小朋友撞翻在地，被撞翻在地的幼儿号啕大哭，老师拉着肯肯叫他给小朋友道歉，他挣脱了老师的手，跑到一边玩玩具去了，一副若无其事的样子。才短短的半天工夫，前后就有6名孩子告他的状，都是反映肯肯打他了或是推他了。此后，肯肯经常无缘无故地打人，抢玩具，欺负同伴，搞破坏，对于老师的制止，他一点反应也没有。

   请分析案例中肯肯小朋友的情绪状态和特点，提出合理的行为指导建议。

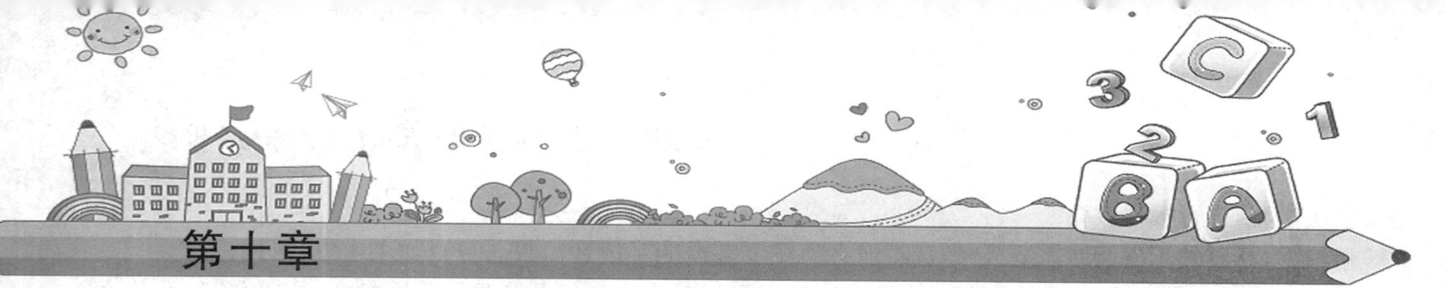

第十章

社会活动中的儿童行为观察与分析

学习目标

1. 认知：了解社会活动的主要类型、基本含义及特点；明确社会活动对儿童发展的意义。

2. 技能：初步掌握社会活动的基本观察指导策略，指导儿童社会交往活动的有效开展，以更好地促进社会行为的发展。

3. 情感：激发学习本章内容的热情，树立正确的教育观、儿童观和发展观。

经典导学

重新发现孩子的世界——“孩子王”池亦洋

池亦洋在伙伴们的心目中，比园长更有权威。池亦洋一段时间没来幼儿园了，当他兴致勃勃地回来的时候，却感受到了小朋友们的冷遇，他决定重新树立自己的权威。一场一个孩子和整个幼儿园的较量就此拉开帷幕……

镜头一：我要我的棍子

5岁的池亦洋是一个控制欲非常强的孩子，他抢走了刘柄栋的棍子，刘柄栋害怕池亦洋会打他，不敢跟他要回棍子，只好哭着请求老师帮忙。老师却鼓励他自己开口问池亦洋要，小男孩开始依然害怕而不敢开口，但老师却坚持鼓励他自己当面向池亦洋要回棍子，最后，小男孩终于勇敢地开口了。在这期间，另一个“讲义气”的小男孩站出来帮忙讨要棍子，小男孩先是威胁池亦洋，如果不还给人家就不和你做朋友了；可是这招并不奏效，小男孩又来软的，如果还给人家我就送给你一个玩具。然而，池亦洋却蛮不讲理地拒绝，还扬言要打人，甚至真的举着棍子朝老师打去……

镜头二：足球场上的“手球事件”

幼儿园组织了一场足球比赛，并安排两名教师与池亦洋对垒。池亦洋问：谁想当罗纳尔多？谁当罗纳尔多？他继续问：“罗纳尔多踢球最厉害，谁想当？”池亦洋自言自语地说：“佳佳当罗纳尔多。”这时旁边的小朋友问：“那我当谁啊？”池亦洋回答：“我们不守门，你也过去。”有一个小朋友反问道：“那你怎么不过去呢？”他回答：“我是守门员。”大李老师说：“好了！现在开球。”……啊，我们又得了一分，大李老师说：“我们得了两分了”，老师和其他小朋友正在踢球，而池亦洋却和陈炳栋发生了争执，栋栋说：“王丽老师，他不让我当守门员。”

王丽老师只好安抚着陈炳栋，他哭着说：“我不想当守门员，我只想当踢球的。”池亦洋说：“我让他守门不守门，必须有一个守门员。”陈炳栋摇摇头说：“我不想。”这时大李老师说：“我从来没有看过运动员哭过，除了输了球哭，噢你们是输了。”站在旁边的池亦洋说：“我才不哭呢，输了就输了，咋了？”其他小朋

友说“对呀”！……

王丽和大李老师分别提醒池亦洋不能随意指挥别人的队员……进了一个球，结果不算数，因为比赛还没有开始，大李老师告诉他应该把球交给裁判。大李老师重新开球，有小朋友手球犯规了，要罚点球，池亦洋问谁手球了，大李老师回答：“你手球了。”而他不承认，老师说：“我知道你很伤心，但你必须要遵守规则。”只见很多小朋友都说“我不踢了”，大李老师说：“对方球员也都走了。”池亦洋：“混蛋，我不踢了！”而大李老师耐心教导：“你又骂我混蛋了，我们在做事，在一起踢球，不管说什么，我们在讲规则，你不可以骂人，你这是进行人身攻击，……裁判就是权威啊！”

镜头三：“谁是领导谁说了算”

故事课上，大李老师在讲《牛郎织女》的故事，小朋友们都聚精会神地听着，只有池亦洋神情漠然，无精打采。但是一下课，池亦洋立刻来了精神，在沙坑中像是一个小将军，开始组织小朋友游戏，居然对站在一旁的大李老师也下起了命令：“我给你分配一个任务……”

池亦洋：“我让你把那些……”

大李老师不服：“你凭什么给我分配任务啊？”

池亦洋振振有词：“我可以给你分配任务！”

大李老师：“你为什么可以给我分配任务？”

池亦洋：“因为我是这儿的领导！”

大李老师：“你是谁的领导？谁任命你是领导？”

池亦洋：“大家！”

大李老师闻言立刻向周围的小朋友们进行求证：“栋栋，阿秋，云迪还有佳佳，你们过来！你们任命他当领导是吗？”

问了一圈，大家都没有明确的表态（结果谁也没说话）。

大李转向池亦洋两手一摊：“他们都没说。”

池亦洋见大家都没有出面拥护他，开始面露不悦：“他们不说，不想告诉你！”

大李老师将了他一军：“那没说，我就不能证明你是领导！”

自尊和权威受到了挑战，这是池亦洋最不能容忍的，他冲口就骂：“混蛋！”

大李老师严肃地说：“你骂我，我非常生气，你不可以骂人，我在跟你讲理，你如果再骂我，我请你坐反思角。”

池亦洋左手一挥：“出去！”

大李老师还在讲理：“我没有骂你，对吧，我骂你了吗？我没骂你，你也不可以骂我！”

池亦洋自知理亏，转头叫住身边的一个小朋友：“蔡云迪，我是不是领导？”

大李老师问蔡云迪：“我可以不听他的话，因为你们没有说他是你们的领导，是大家的领导。”

池亦洋赶紧向蔡云迪施压：“你现在问问他。”

蔡云迪赶紧说：“是！”

这一声“是”给池亦洋送来了救命稻草，他立刻骄傲地把脑袋抬起老高，很得意。

大李老师有点儿泄气：“但是我不喜欢一个骂我的领导，你刚刚骂我混蛋了！”

池亦洋以一个胜利者的姿态对大李老师说：“对不起，那你走吧，干自己的去吧！”

大李老师苦笑了一声：“好吧！”只好走开了。

三个镜头描述了北京郊区一所名为巴学园的幼儿园日常生活中不同的交往场景，为我们勾勒出一个霸气冲天的“孩子王”池亦洋的形象，从中我们领悟到孩子有他们自己的世界。面对一个充满阳刚之气的小男子汉，幼儿园的大李老师却始终坚持以“孩子是脚，教育是鞋”为教育的基本理念，开展以尊重培养尊重的教育、用生命培育生命的教育。同时，尊重幼儿的选择和决定，保护并引导着幼儿的天性，留给幼儿反思的时间和认识自己的错误，从而促进每个幼儿人际交往和语言表达能力的发展，为其社会化奠定了基础。由此可见，在社会活动中，教师如何引导儿童形成良好师幼关系、同伴关系，关键在于引导和沟通。那么，什么是社会活动？社会活动包括哪些种类？教师如何观察儿童在社会活动中的行为呢？

第一节　社会活动概述

一、社会活动基本含义

幼儿园的社会活动主要指幼儿园的一日生活中的各种人际交往活动，强调以幼儿为主体，建构良好的师幼关系、同伴关系、亲子关系，帮助幼儿形成良好的习惯，进一步促进其社会行为的发展。社会行为既是社会心理的外部表现，又是社会化的结果。根据社会行为所起作用的不同，可分为积极和消极两种，积极的社会行为被称作亲社会行为；消极的社会行为被称作攻击性行为（或反社会行为）。

二、社会活动分类

（一）亲社会行为

每个人作为社会的一员，需要与他人进行交流与合作，而亲社会行为正是我们与他人形成良好人际关系的前提。亲社会行为泛指对他人、集体和社会有积极意义的行为，助人、分享、安慰等都是亲社会行为的具体表现。幼儿在1—2周岁时就表现出亲社会行为的萌芽，此后随年龄的增长，儿童的亲社会性将不断得到发展。

1. 从产生动机的角度看

根据引发亲社会行为的动机，可以把它分为由利他主义引起的亲社会行为和非利他主义引起的亲社会行为两类。

2. 从表现形式的角度看

亲社会行为具有多种表现形式，如谦让、分享、助人、合作、忠诚、安慰、尊重别人的权利及感情、捐赠、援助、无畏、牺牲、保卫等，但主要表现为分享、助人、合作、安慰四种典型的亲社会行为。见表10-1。

表10-1　幼儿亲社会行为的表现形式及含义

表现形式	含　　义
分享行为	幼儿愿意将自己拥有的东西与其他个体之间分着享受、使用或馈赠给他人等的行为，即把自己的东西与他人相互使用、享受或者拥有。
助人行为	助人行为是指任何一种帮助有困难的他人的行为，以促进有困难的个体增强能力，克服所遇到的困难或做出有效决定以及改善他人幸福的行为。
合作行为	合作行为主要指两个人或多个人为实现共同目标而结合在一起，他们相互配合、调整自己的情感和行为，寻求一种既有利于他人又有利于自己的结果产生的行为。
安慰行为	安慰行为指个体觉察到他人的消极情绪状态，如烦恼、悲伤、哭泣等，并试图通过语言或行动使他人消除消极情绪状态，变得高兴起来的亲社会行为。

（二）攻击性行为

又称侵犯性行为，指幼儿有意伤害他人身体或心理、争抢或破坏他人物品的行为或倾向，如踢、咬、揪、扯、骂、夺等。这与幼儿的生理、认知、情绪情感和社会环境等内在和外在的因素密切相关。在幼儿、青少年中攻击性行为是一种普遍存在的行为，在幼儿社会化过程中，由于社会的要求，才逐步学会控制攻击性行为。幼儿的攻击性行为是一种不受欢迎的却经常发生的行为，其发展状况对儿童人格、个性品德、社会化的发展具有重要的影响。

本书认为幼儿攻击行为可以分为以下四个维度：敌意性攻击（身体攻击）、言语攻击、工具性攻击（财物攻击）和关系攻击，具体见表10-2。

表 10-2 幼儿攻击性行为的表现形式及含义

表现形式	含　　义
敌意攻击	指攻击者利用身体动作直接对受攻击者一方实施攻击，如打人、踢人、咬人、推搡等；儿童出现敌意性攻击会体验到满足、兴奋，因为看别人身体或心理受到了伤害，与以下三种形式存在明显不同。
言语攻击	指通过口头语言对受攻击者实施的行为，如骂人、嘲笑、讽刺、造谣污蔑、说坏话等。
工具攻击	指儿童为了争夺物体、领土或权利、霸占他人的物品或空间而发生的身体上的冲突，且使被攻击对象受伤的一种行为，如抢玩具、抢座位、抢占食物、图片等。
关系攻击	指通过他人对受攻击者实施的行为，如游戏排斥、造谣离间等，如帮助好朋友、打抱不平或受人指使。

三、社会活动的特点

（一）亲社会活动的特点

1. 存在性别的差异

女孩的亲社会行为明显好于男孩，一般社会文化期待女孩比男孩更具亲社会的特点，如富有同情心、友好、更为合作、乐于助人等，往往决定了女孩比男孩的亲社会行为多一些，更能容易帮助别人。

2. 随着年龄的增长而增多

中班、大班幼儿的亲社会行为好于小班幼儿，即幼儿亲社会行为随着幼儿年龄的增长而增加，而且年龄越大的幼儿越能以较适当的方式协助他人，这是因为年龄大比年龄小的幼儿会拥有更多的特定知识和技能。

（二）攻击性行为的特点

1. 攻击性行为的方式随年龄的增长而变化

首先，从攻击性行为表现形式看。

随着幼儿年龄的增长，幼儿的攻击性行为也会有不同方面的表现。年龄小的幼儿倾向于更多地采用工具性攻击，仅仅是为了自己的玩具、吃的或游戏等，但随着年龄的增长，儿童具有了推测对方行为的意向和动机，因此工具攻击性方式逐渐转变为更多使用以人为中心的敌意性和报复性攻击。

其次，从攻击性行为发生原因或前提条件看。

对年龄较小的幼儿来说，攻击性行为的发生多以工具性攻击表现形式为主，是由于争夺物品或空间；而随着年龄的增长，生活常规、游戏规则、行为规范等社会性问题慢慢地成为引起幼儿攻击性行为的主要原因。

2. 攻击性行为的方式随年龄的增长而减少

从发生频率上看，学龄前阶段幼儿的攻击性最高，一般，中班儿童的攻击性行为明显多于小班和大班的。4 岁前随着年龄的增长呈线性下降。尤其是幼儿身上常见的无缘无故发脾气、抓人、踢人、乱扔东西、推人的行为会逐渐减少，这主要由于年龄的增长，儿童逐渐“社会化”，认知水平不断提高，判断是非对错的能力也有所增强，比以往时候能够清楚什么行为是可以接受的，还能体会到被别人欺辱的“感受”。

3. 幼儿的攻击行为存在性别差异

可以说明攻击性行为倾向与雄性激素水平相关，男女两性在攻击性行为方面的差异可以概括为两个方面：一是攻击倾向的差异，男性比女性具有更强的攻击倾向，在生命早期，男孩的攻击性就高于女孩；二是反映性的差异，男女两性在攻击的整体水平上并不存在差异，男性使用较多的直接身体攻击，如男孩在受到攻击后容易采取报复行为，而女性则使用间接攻击多于男孩，表现为哭泣、退让，或报告老师，通常使用言语攻击，女性对攻击的抑制性强。较大的男孩在与同伴发生冲突时，如果对方为男孩，则容易发生攻击行为，但如果对方是女孩，则可能减少一些。

四、社会活动的意义

(一) 亲社会行为的价值

儿童的亲社会行为，是其个性和社会性发展的重要表现。亲社会行为是个体在社会化过程中形成的，早期的亲社会行为有助于儿童将来的学业和社会功能成就，可以防止儿童抑郁情绪和犯罪倾向的生成，促使儿童自我提升、自我接纳和自我满足，也有助于更好地进行人际交往并适应社会，从而为幼儿的一生的发展奠定基础。

首先，对幼儿个体而言，亲社会行为的发展有助于其融入周围环境。人与人之间的团结友爱行为是友善和联盟的信号，能引发交往对象的积极情感，有利于在交往过程中形成更为密切的人际关系。儿童表现出的合作、分享、帮助等亲社会行为，会帮助他们在社交活动中获得成功。幼儿因帮助等亲社会行为而获得他人的感谢和赞美，可以使他们在能力感与价值感上获得满足，从而形成积极的自我意识。

3—6岁儿童在人际交往中容易做出积极的行为，可以说3—6岁是培养亲社会行为的最佳时期。周围的人每次出现的亲社会行为都会成为幼儿学习的榜样。当幼儿自己成为亲社会行为的受益者时，他们通常会更加仔细地观察和思考这种行为是如何实施的，以此作为自己身体力行的样板。儿童年幼时在亲社会行为方面受到的良好影响会一直持续到成年，那些具备亲社会态度与行为的儿童成年后也会表现出积极的生活态度。

其次，亲社会行为的出现还有助于形成具有积极意义的群体，进而影响整个社会文化氛围。一般来说，注重实践亲社会行为的群体，其成员之间的互动更加友好，而且群体行动的效率更高。同时，儿童若在群体活动中能关注他人的感受，群体成员之间经常出现互助、合作、分享等行为，这对群体归属感的产生具有积极的作用。在这样的群体中形成积极的群体意识的儿童，无论到了怎样的新环境中，都能成为其群体关系的“润滑剂”。

(二) 攻击性行为的危害

这一行为不但会对他人或集体造成危害，对个体的健康发展也是很不利的，而且也阻碍幼儿社会性、个性和认知等方面的发展。大量研究表明，有攻击性行为的孩子，其同伴关系一般较差。大多数同龄孩子会对其避而远之。在小班，由于一些攻击性行为较强幼儿的影响，往往导致受其欺负的小朋友产生心理恐惧，甚至不愿去幼儿园了。由于攻击性幼儿惹是生非，常常影响正常的生活和教学秩序，使得老师需要花费大量时间和精力去解决矛盾、冲突或纠纷，故而大部分老师对这样的儿童时常感到头疼甚至是束手无措。

攻击性行为还会延续至青年和成年，会造成人际关系紧张、社交困难等问题。更要引起人们重视的是，如果对幼儿的攻击性行为不及时加以干预、矫治，那么这种儿童长大后很容易走上违法犯罪的道路。据资料表明，在青少年暴力犯罪的犯罪行为中，70%的暴力少年犯在早年儿童期就被认定为有攻击性行为。由此可见，幼儿的可塑性是很强的，我们广大幼教工作者和家长更应加强这方面的认识，及早干预，进一步对幼儿攻击性行为的控制与矫治。

第二节　社会活动中的观察指导策略

一、理解尊重幼儿，立足于幼儿的长远发展

《幼儿园教育指导纲要(试行)》(2012)明确指出：“幼儿园教育应尊重幼儿的人格和权利，尊重幼儿身心发展的规律和学习特点，以游戏为基本活动，保教并重，关注个别差异，促进每个幼儿富有个性的发展。”可以说尊重幼儿对幼儿来说意义重大，尊重是建构良好师友关系的前提。尊重幼儿也就是让幼儿对自己充满自信，相信自己有能力做出正确的选择和判断，更不能把成人的要求强加于幼儿，而是鼓励幼儿敢于发表自己的意见与看法，相信幼儿有自己的见解。教师既有尊重幼儿的感受，建立平等师幼关

系；又要尊重幼儿的想法，给予幼儿心理自由。教师既要尊重幼儿的需要，保护幼儿的自尊心；又要尊重幼儿的差异，增强幼儿的自信心。总之，教师应本着“教育面向未来”的态度，坚持“育人为本”的儿童观，注意个体差异，我们更要注重幼儿健康心理的培养，把培养自尊、自信、自主、独立性、社会交往能力与创造性等，渗透于幼儿园的一日生活活动之中，发挥其主体性作用，从而促进每一个幼儿富有个性化的发展。

二、把握幼儿指导的时机

在幼儿园日常教育活动中，常常出现一些情况会让教师处于介入和不介入的两难境地，在介入时机的选择上往往也会出现不能适时介入或总是提早介入的情况。可以说把握好介入的时机，是教师专业成长的必修课，针对不同情况应做到心中有数。

1. 当幼儿反复操作没有进展时

我们会发现在现实生活世界中，幼儿满眼都是有趣的事情，他们会以自己的方式来尝试认识和理解这个世界。但由于幼儿的能力各不相同，他们所表现出来的行为方式自然也会不同。比如在科学活动(数学操作或角色游戏中)，有的幼儿会出现重复性的行为。这些重复性行为在成人的眼中有时会被理解为缺乏创造性或者是低效活动，这时教师就会忍不住对幼儿的行为加以阻止或者提供帮助。其实这是教师对幼儿学习能力的低估，是以成人的眼光来看待和判断幼儿的行为或表现。

2. 当幼儿遇到困难或出现认知偏差时

幼儿的探索兴趣无穷无尽，他们经常会遇到一些难以解决的困难，教师这时要“学会等待”。只有当幼儿的探索兴趣即将消失时，教师的干预才是积极的。在教学或游戏中，教师如果不耐心等待，过早介入幼儿的活动，就可能导致幼儿原本富有创造性的想象活动因一个标准答案的出现而告终。面对幼儿的困境，教师需了解幼儿的困难所在。适时介入但不是急于给出问题的答案，而是要通过投放材料或是提出有价值的问题，为幼儿搭建起认知的桥梁，帮助幼儿自己解决问题。

3. 当幼儿之间冲突出现时

比如在角色游戏中，经常会出现都要做娃娃家的妈妈或者是争抢新玩具的现象。一旦出现类似事件，有的教师会担心幼儿不能很好解决而马上介入，进行阻止和规劝，这就使幼儿丧失了一次自己解决冲突、体验情绪、达成理解的机会，甚至会造成幼儿社会化过程中某些方面的缺失。在这样的情况下，教师只是冷静观察和等待幼儿解决问题是不够的，而应该在等待的过程中，不急于判断，留给幼儿更多的真实的交际空间。同时，针对不同年龄阶段的幼儿，给予不同的帮助和支持，促使幼儿在冲突中获得更多的体验，尝试自己解决问题。

4. 当幼儿不遵守某些规则时

“无规则不成方圆”，幼儿一日生活有常规、游戏中有规则，然而幼儿在幼儿园发生不遵守规则的事情时有发生，因为幼儿正处于一个对世界认识和探索的初级阶段，对许多事情都充满了好奇，同时自我约束能力又十分有限。面对幼儿出现的一些行为，许多教师会依据心中早有的好坏标准去判断，予以制止或批评。例如幼儿园的阅读区，一般规定不让幼儿乱动，但有的幼儿还是会抓准时机去动一动，随便翻书或者乱扔乱放。此时教师如果去制止或批评，可能就会扼杀幼儿今后探索世界的勇气，或者打消对阅读的兴趣。当然，如果发生危险情况，教师必须立即介入。

三、公平地对待每个儿童

处于幼儿期的孩子虽然年龄较小，但是他们也有感觉，可以从教师的一些日常生活中的行为、语言中了解教师所表达的意思，可能不经意间的一句话、一个小动作已经深深地伤害到了幼儿，所以教师的每一句话、每一个动作都应该经过深思熟虑后再进行，这样能避免一些对儿童情感上的伤害。爱幼儿，平等地对待每一个儿童，把可以体验成功、体会快乐的机会公平无私地分给每一个幼儿，作为幼儿教师应当像天平称物一样均分给每一个幼儿，这样才能给每个孩子平等的机会。教师不应该拒绝很多幼儿想表现自己的请求，如对那些不善言谈，看起来似乎是不够大胆的幼儿，我们应该让他们从心里感到教师是信任他们的，认为他们是有能力的，还应该努力创造条件，平等地给他们充分表现的机会。只要我们用真心对待每一个幼儿，遇到事情能够多思考，多一份理解与宽容，这样“偏爱”和“不公平”的现象也就会渐渐减少甚至是不会发生，每一个幼儿也能快乐、全面地成长。

案例分析

案例1：分享行为之“它们都是我的，你不许动”

行为观察：今天上午开展户外搭建活动，就在大家玩得不亦乐乎时，第一组的小朋友传来了一阵吵闹声，高老师走过去，看到亮亮正抱着很多积木，而且还正要拿更多的积木，嘴里还说着：“这些都是我的，谁都不能拿！”乐乐十分困惑地站在旁边，说：“我也想玩。”亮亮回答说：“你不能玩，我需要这些积木，你一个都不能拿！”老师把手放在亮亮的背上，然后小声对他说：“过来，亮亮，这有这么多的积木呢，给乐乐一些。”亮亮：“不行，这些我都要用的，给了他，我就无法玩了”。

乐乐决定自己采取措施，他捡起亮亮没有拿到的散落在四周的几个积木就开始玩了起来。结果被亮亮发现了，一脚踢飞了乐乐正在搭建的积木，大叫道：“它们都是我的，你不许动！”高老师很生气，开始教导亮亮要懂得分享，几分钟后，强行从他那里拿了一些积木给了乐乐，并把他们拉开了一定的距离。没想到亮亮突然站了起来，跺脚哭着说：“我讨厌你们！你们拿走了我的积木！”老师不再理会亮亮，而是有意识地开始防备亮亮的不良举动……

行为分析：在幼儿园的社会活动中，老师经常要求幼儿分享。如每个小朋友只能拿几个，那就会要求“跟其他小朋友一起玩不能自己一个人玩”、“有好吃的可以和大家一同分享，老师帮你分给大家吃”、“你不能拿这么多，这是不对的……”等。在成人的眼里玩具和食物不是什么重要的东西，是应该并可以分享的。但是对于幼儿来说玩具和食物可能是他们最珍贵的所有物。本案例中，高老师的这一要求不太合理，也不太符合幼儿的心理需求，所以分享要求被亮亮拒绝了。由此可见，幼儿不愿意分享的行为是正常的，作为教师我们不能断然评价幼儿小气、霸道，而采取强制的处理方法。

行为指导：《3—6岁儿童学习与发展指南》(2012)中明确指出：“要充分认识生活和游戏对幼儿成长的教育价值，把握蕴含其中的教育契机，让幼儿在一日生活中，在与同伴和成人的交往中感知体验、分享合作，享受快乐。”因此，教师应接纳孩子的情绪，做好疏导，充分尊重儿童的心理需求，理解幼儿的行为需要，更要了解他们的年龄特点和个体差异，营造适宜的环境引导幼儿分享，如提供充足的玩具、操作材料，而非强制与纯粹的说教。

在一日生活中体验分享，让幼儿在交往中去感知体验和学习，可以允许幼儿适度不分享，如寻找一位愿意与之合作，性格温和的儿童，带他主动询找一起玩的机会：“我们可以和你一起玩吗？我们想和你一起玩你的玩具。”在游戏中要求分享：要求分享不等同于强制分享，老师可创设一个情境，让亮亮参与其中，谨慎选择方式来鼓励亮亮学会分享物品，并让他知道你是多么欣赏他和你一起分享。如明明不愿意，可简单地说：“好吧，也许等一下，我们可以一起玩。”然后走开，让幼儿知道分享是积极的活动，不是被强迫的活动。在同伴中学习分享：慢慢减少教师的参与度，支持鼓励分享的小朋友一起讨论游戏的细节，通过老师的关注和表扬对他们进行间歇性强化。之后在幼儿愿意分享的时候才进行分享，真正感受分享带来的乐趣，从而让分享行为得以正强化。

案例2：助人行为之“尿裤子后，谁能借我备用裤”

行为观察：一天中午我值班，起床后发现涛涛小朋友尿床了，但他没带备用裤子，班上的备用裤子还没干，我想趁机培养幼儿助人为乐的良好品质，就问：“孩子们，涛涛小朋友不小心把裤子尿湿了，谁愿意帮助他？能借一条裤子给他吗？”孩子们都说没有(的确，大班的孩子很少尿裤子，家长一般都没为孩子准备备用裤)。我突然记起，马一鸣带有备用裤，就对他说：“你书包里不是有裤子吗？请借给涛涛一下，好吗？”但他磨磨蹭蹭，极不情愿。我本想，孩子实在不愿意就算了，不用勉强，但找遍了全班，只有马一鸣带有备用裤子，郭海涛父母的电话又联系不上，只好请马一鸣帮忙，我就说：“马一鸣，我们要做一个

助人为乐的孩子，你把裤子借给郭海涛穿一下吧！”虽然犹豫不决，但在老师一再要求下他还是把裤子借给了同伴，但我分明看到孩子心里的不情愿，甚至还有点小小的委屈……

在休息时，我把马一鸣请到身边，想和他好好聊聊，可还没等我开口，他的眼泪就吧嗒吧嗒掉，那委屈伤心样让我好心疼，也让我意识到自己让他借裤子的事有些鲁莽欠妥。我把他抱在怀里，在交谈中，我才得知，今天一鸣带在包里的裤子是妈妈从外地旅游时新买的生日礼物，平时格外的珍惜，所以他怕涛涛把新裤子弄脏，所以不愿意借，而老师非要借走，自己就觉得非常难过……马一鸣的伤心让我对他很有些歉意，愧疚之情无法言表。

行为分析：《幼儿园教育指导纲要（试行）》(2001)指出要培养幼儿“乐意与人交往，学习互助、合作和分享，有同情心”。可见，助人行为是中华民族的传统美德，也是幼儿园重要的教育内容。6—12岁是助人行为发展最快速的时期，但受道德水平发展的影响，幼儿的助人行为多数为个人意图，只有少部分的才属于利他行为。在本案例中，虽然教师最后时刻幡然醒悟，认识到自身的错误，却为我们敲响了警钟，平常我们总是理所当然地要求幼儿之间要互相帮助，却很少顾及幼儿的心理，甚至在无形中异化了幼儿助人为乐的动机，这样的助人怎会有“乐”？怎会有成效呢？

行为指导：问题的根源在于教师没有征求幼儿的意见，擅作主张把裤子借给他人。因此，教师可以把涛涛叫到一边，告诉他马一鸣借他新裤子的事，并提示他要感谢，还要爱惜，洗净后再归还。同时，幼儿的可塑性强，最善于模仿，耳濡目染对孩子的影响深远。可以以这一事件为教育契机，面向全班幼儿讲讲马一鸣把新裤子借给同伴的故事，夸奖马一鸣的助人行为，鼓励大家要向他学习。从关心他人入手，注重同情心的培养，如帮助同伴盖被子；给有困难的小朋友扣纽扣、搬凳子、端饭、整理玩具；不自觉地爱护小动物等。

案例3：合作行为之“幼儿园小班不愿意分享奥特曼的超超”

行为观察：又到了星期三，这是幼儿自带玩具来园的时间，别的孩子都找到了朋友，把自己喜欢的玩具的性能和玩法介绍给同伴，与同伴分享交往的乐趣，然而，姜一超却蹲在桌脚，低头摆弄着自己带来的奥特曼，这时鹏鹏走了过去，想和他交换自己带来的小汽车，可他不理睬，仍旧专心地摆弄着他的奥特曼，不时嘴里还发出“哈、哈”等听不懂的话，鹏鹏又在那儿看了一会儿，用恳求的语气说：“让我们换着玩玩吧。”说着用手摸了一下奥特曼，这下不得了了，一声声歇斯底里的哭叫声打破了平静的气氛，孩子们纷纷停下了手中的玩具，一个个跑了过来，只见他一把眼泪一把鼻涕，指着鹏鹏大声说：“谁让你动我的东西，这是我的……”由于超超的父母忙于工作，平时由爷爷奶奶照看，老两口对孙子宠爱有加，凡是孙子开口要的都满足他，而且是马上要做到，久而久之孩子变得很任性。

行为分析：虽然经过了托班一年和小班半年的集体生活，大部分幼儿已经萌发了合作的意识，但其认知和行为严重脱节，幼儿在行为中还很难做到真正意义上的合作。亲子关系疏远，隔代教养埋隐患，容易过度溺爱，大人的“给予”，没有了他的“付出”，有的是“唯我”，缺少了“平等的合作”，长期以往养成了姜一超自私、孤僻的性格，与同龄人交往的缺失导致个性发展受到影响，慢慢地产生了交往障碍。

行为指导：无论是在游戏，还是在学习、生活中，如果能主动配合、分工合作，协商解决问题，协调关系，就可以确保活动顺利进行，同时每个人都从相互配合中实现了目标，这就需要合作。首先，教给超超与同伴合作的态度——愉快的合作。让他明白：如果你不好好地和别人玩（合作），别人也就不会和你玩（合作）。其次，教给幼儿与同伴合作的语言——友善的语言。如：“你愿意和我玩吗？”“我们一起玩，好吗？”等。再次，教给他与同伴合作的方法——恰当的方法。如：让幼儿轮流担当某一普遍喜欢的角色。当然这种合作意识、合作技能，不可能在一两次的合作教育活动中就产生、形成。因此，需要教师耐心地传授方法和技能，还必须贯穿于整个教学活动中，当幼儿稍有进步时就施以表扬和鼓励，从而让他们体验成功的快乐。

案例4：具有攻击性行为的亮亮

行为观察：亮亮，男，5岁，脾气暴躁，是一个特别淘气的孩子，经常有意无意地打伤和撞伤同伴，在班上有着很高的“知名度”,就连班级从未谋面的家长通过自己孩子也知道了他。与同龄人相比,亮亮情绪变化快,高兴了就会大喊大叫,不如意了就会乱扔玩具、摔东西,自控力较差,对自己喜欢的东西常表现出强烈的占有欲,如看到其他幼儿有好玩的玩具,伸手就拿,甚至使用武力抢夺。另外,亮亮在中班个子较矮,但力气很大,经常欺负其他小朋友,如突然跑过去把别的小朋友推倒在地,有时会有意去拧其他小朋友的脸,有时模仿动画片或电视剧里的武打动作,指手画脚,向其他小朋友操练一番,有时冷不丁地突然撞到老师的身上,要你抱着他,会显得特别高兴。

行为分析:

1. 情绪不稳定

3—6 岁幼儿处在人生发展的关键期,幼儿社会情感迅速发展,情绪往往具有易冲动、易外露、易感染等特点。本案例中,亮亮的情绪就不稳定,脾气暴躁、易冲动,时常乱发脾气,稍不如意就会出现强烈的反应,如大喊大叫、哭闹、摔东西的现象,这为攻击性行为的产生埋下了隐患。

2. 自我控制能力差

幼儿年龄特点决定了其身心发展不成熟、不完善,对于外界的刺激容易产生兴奋、难以抑制的情绪,抵制诱惑的能力差。自我控制力差,认知水平低,考虑问题往往以自我为中心,不善于控制自己的行为和愿望,这缘于幼儿神经纤维尚未完善,神经兴奋强于抑制。如亮亮缺乏自我控制,行为表现较为随意,这不利于幼儿良好个性的形成,在一定程度上也阻碍了他的同伴关系。

3. 好模仿

好模仿是幼儿的天性,模仿是学习之母,没有模仿就没有孩子的成长。幼儿期最富于模仿,幼儿的模仿往往与好奇心有关,看见别人玩什么,自己也玩什么;看见别人有什么,自己就想要什么;当看到别人做什么的时候,他也会学着去做。整个幼儿期,幼儿无时无刻不在模仿,不仅模仿行为,也模仿成人的语言、神态等,一方面学会各种技能,另一方面了解周围的事物,获得更多的认知经验,这对后续发展具有潜移默化的影响。幼儿的模仿能力很强,但辨别是非的能力较差,模仿时没有明确的道德标准,不是专门模仿好的行为,也不是专门模仿坏的行为,而是从兴趣、爱好出发,对什么有兴趣就模仿什么。正如本案例中,亮亮平时喜欢看动画片,并且对武打画面比较感兴趣,无意中模仿了喜欢的动作,导致行为具有一定的攻击性。

行为指导:《幼儿园教师专业标准(试行)》(2011),着重强调“师德为先”的教育理念,一名合格的幼儿教师必须“关爱幼儿,尊重幼儿的人格,富有爱心、责任心、耐心和细心;为人师表,教书育人,自尊自律,做幼儿健康成长的启蒙者和引路人”。因此,对有攻击性行为的幼儿,教师应以预防为主,防微杜渐。

总之,教师要采用正面引导的策略,矫正幼儿攻击性行为。

(1) 优化幼儿的活动环境,减少环境中的不利刺激。

第一,优化幼儿的活动环境,提供充足的材料与空间。如果孩子仅在幼儿园有攻击性行为,家长和教师应观察是否因为环境过于拥挤、太明亮、太吵闹了等问题,触发了孩子的攻击性行为。幼儿园班额大,而活动场地、空间不足。在同伴之间过于拥挤容易造成摩擦、争吵,甚至是攻击性行为。因此,在环境创设、材料投放、活动安排与组织时,要尽量提供足够的活动空间、丰富的玩教具、游戏或操作材料、书籍等。

第二,远离环境中暗示和鼓励攻击性行为的影响因素,创设和谐自然、温馨舒畅的教育环境,模仿是幼儿的天性,也是幼儿学习的主要方式之一。尽量避免提供有攻击性倾向的玩具(如玩具枪、刀等),例如,可设法让他明白打人、推人、抢夺等行为是不对的,小朋友、老师和家长都不喜欢。即使幼儿攻击行为发生的动机可能是善意的,如“打抱不平”等,也要及时教给其正确解决方法。应该注意的是,矫正的重点不在于训斥、批评儿童的攻击性行为,而在于及时帮助幼儿明确非攻击性行为的方式和方法。

(2) 帮助幼儿转移情绪,提供宣泄情绪的机会。

第一,提供情绪训练法。

3—6 岁幼儿处于人生发展的起始阶段,其年龄特点、身心发展规律,决定着儿童行为、情绪、情感更容易受外界环境的影响。针对幼儿的情绪特点,可以采取情绪调节、移情训练方法,如运动方式(拍球、

打沙包、跑步)去宣泄;采用语言倾诉法:将内心体验和侵犯性情感大胆表达出来或引导幼儿在适当的场合大哭、大喊大叫一通;增添“情绪宣泄室”,让情绪得以释放,避免攻击性行为的产生。

第二,加强侵犯性情感的宣泄教育。

有关资料表明,儿童攻击性行为有如下表现:言语较多,喜欢与人争执,好胜心强;情绪不稳定,脾气暴躁;易冲动,自制能力差等。根据这一特点,教师可以采用移情训练法正确引导,引导他们在适当的场合与时间大哭大叫一通,以宣泄内心无法排泄的挫折、愤怒与烦恼,鼓励幼儿参加各种有趣的游戏与置换活动,去转移他们的攻击性情感。同时,暂时离开集体,坐到一边,重新学习观察,注意让他们保持受惩罚的状态,当他们看到别的同伴游戏或活动时,出现焦急情绪,渴望参与时为止。

(3) 对症下药,具体问题具体分析。

首先,初步了解攻击性行为的指向对象。往往指定某一特定的人(幼儿),还是一群人,或者指向幼儿玩伴中或幼儿园班级中随意一个幼儿。其次,何时发生攻击性行为。是午睡之前,还是一个活动到另一个活动的过渡期?通常这些情况产生的压力,是攻击性行为产生的诱因。再次,需要考虑其他的重要因素。比如儿童的年龄特点、身心发展规律、孩子的个性等。如一个容易紧张、比较敏感的幼儿,如果来到富有刺激的环境时,可能感到不知所措,用愤怒表达自己的恐惧感。第四,规范模仿源,树立正确的榜样。初步分辨同伴行为的正确与不当,影视、图书中的暴力、打斗场面应控制。如果发生攻击性行为可以不直接批评他,而是用能引起他注意的语调表扬其周围的幼儿,为其树立模仿榜样。也可以采用故事渲染法,将攻击性行为的表现和结果编成故事,并进行评价,或讲幼儿之间正确交往的故事,形成正面教育的案例,引发思考。第五,培养被攻击者的自我保护能力,以矫正攻击性行为。最后,提高幼儿的认知水平,促使幼儿在行为和认知上保持统一。与此同时,利用一日生活中的常规,建立规则意识,在活动前,让幼儿明确要求和规则。

(4) 多鼓励幼儿与人合作,改善人际关系。

奖励法,顾名思义就是采取正面鼓励引导,对改正错误的幼儿给予相应的奖励,具体包括物质奖励,如小红花、小贴画等符号奖励;情感奖励,一个目光、微笑、点头、拥抱;特权奖励,如做值日、优先选择游戏、当小组长等,反之,则可去掉小红花、停做值日、撤销小组长职务。大量研究表明,具有攻击性行为的幼儿,同伴关系一般较差。大多数同龄小朋友会对其持拒绝态度,一般会说:“我不爱(愿意)跟×××玩,因为他老是打人。”“我不喜欢×××,因为他欺负别人,把人家弄哭了,也不说声道歉。”而且,由于他爱惹是生非,影响正常的教学秩序,故而也不易受教师的欢迎。可想而知,孩子在这种消极、否定的环境中成长,久而久之,各方面的发展必然受到很大限制。

根据儿童的认知规律,每个幼儿都有较强的表现欲望,个别幼儿的攻击性行为本意在于满足自己的争强好胜的表现欲。通过角色游戏,幼儿模仿、扮演正面形象,并支配、驾驭其他角色,不仅表现了自己,又可以从所扮演的角色的亲善、合作行为中得到鼓励。教师要对角色游戏中的各种行为进行评价,帮助幼儿认识攻击性行为,特别是主动攻击性行为的错误所在及不良后果,用成人对亲善行为的良好评价来抑制幼儿攻击性行为的意念。

(5) 合理安排幼儿园的教育活动。

如果一日活动安排不够合理,让幼儿无事可做,导致幼儿长时间处于兴奋和抑制状态,情绪不稳定,从而为攻击性行为的产生提高了条件。幼儿园开展丰富多彩的活动,可以促使幼儿攻击性行为的情绪得到合理排解。一般来说,成人的自控力较强,发泄方式较为舒缓,能够理性对待人或事物,而幼儿的自控力差,其发泄方式随便得多,幼儿通常通过攻击性行为来达到目的。在幼儿园一日生活中,开展的各类游戏活动,可以给幼儿合理发泄情绪提供了渠道。同时,利用幼儿园的心理发泄室(悄悄屋),尝试设立攻击对象的模型,如有的幼儿园就设有橡皮敌人供幼儿击打。

(6) 树立正确的儿童观和教育观。

处理幼儿的攻击性行为应以正确的儿童观、教育观为前提,教书育人是教师天职,作为专职人员,教师也应与时俱进,及时转变教育观念。一方面树立正确的儿童观、发展观、亲子观、成才观,不能急于求成,采取恰当的沟通方法,教师之间、教师与家长之间要注意沟通,保持教育方法的一致;另一方面教师要树立“教育爱”的理念，要爱心、耐心、细心和责任心，遇到问题儿童要及时加以引导和纠正，千万不要冷嘲热讽厌恶他们。关键在于积极开展家园合作，通过不同方式的家园合作联系方式，如早晚沟通、家访、半开放日活动、约谈、家长园地、家长联系手册、专题家长会等形式向家长宣传科学的育儿知识，使家长掌握科学的育儿内容、原则和方法，提高家庭教育的水平，从而减少幼儿攻击性行为的发生。

综上所述，教师要因地制宜，有针对性采取措施。“金无足赤，人无完人”，教师应一视同仁，给予每个幼儿关怀和爱护，不因自身的喜恶而影响同伴之间的关系，即使儿童有一些行为问题，教师也要理性对待，将其视为社会化的一个正常现象，不应排斥。将轻度的惩罚与合理科学的规则相结合，矫正幼儿的攻击性行为，对比较冲动、不冷静的幼儿，必要时可以实行短时间的“坐冷板凳”的惩罚，让其独自待在单独的房间里或暂时剥夺其参加某项活动的权利。但运用该方法时一定要让孩子明白为什么要让其“坐冷板凳”，在帮助他们认识错误后就要解除惩罚，而且要注意安全，时间不宜过长。同时，可以借助谈话法，偏重于个别谈话，以讲清道理，批评指正。此外，教师本身对幼儿攻击性行为的认识，是导致教师采取不同应对策略的重要因素，针对不同强度的攻击性行为应采取不同的处理方式，延缓、减少、消除幼儿的攻击性行为，更好地促进幼儿个性、品德的发展和个体的社会化。

【本章习题】

1. 简述儿童亲社会行为的作用及特点。
2. 谈谈儿童攻击性行为的表现形式及危害。
3. 论述学前儿童社会活动的基本观察指导策略。
4. 对中国记录电影《小人国》中池亦洋小朋友的行为谈谈你的看法，并提出引导策略。

第十一章

个性差异儿童的行为观察分析与指导

学习目标

1. 认知：了解个性差异儿童的心理特点和行为表现，掌握对个性差异儿童的引导与教育策略。

2. 技能：学会对个性差异儿童进行判断与甄别，能够根据儿童心理发展的基本规律对个性差异儿童采取恰当的教育策略。

3. 情感：接纳、理解儿童的不同表现，树立因人而异、因材施教的教育思想。

经典导学

卡耐基与继母的故事

卡耐基的名字几乎家喻户晓，他是美国著名企业家、教育家和演讲艺术家。20世纪上半叶，当经济不景气、人权不平等、战争等恶魔正在磨灭人类美好的心灵时，卡耐基先生以他对人性的洞见，利用大量的普通人取得成功的故事，通过他的演讲唤起了无数迷惘者的斗志，并激励他们取得辉煌的成就。因此，卡耐基被誉为“成功学之父”。然而，卡耐基小时候是个大家公认的坏男孩。9岁的时候，父亲娶了继母。父亲一边向继母介绍卡耐基，一边说：“亲爱的，希望你注意这个全郡最坏的男孩，他可让我头疼死了，说不定会在明天早晨就拿石头扔向你，或者做出别的什么坏事，总之让你防不胜防。”出乎意料的是，继母微笑着走到卡耐基面前，托起他的头看着丈夫说：“你错了，他不是全郡最坏的男孩，而是最聪明、但还没有找到发泄热忱地方的男孩。”凭着这句话，他和继母开始建立了友谊。凭着这句话，激励他日后创造了成功的28项黄金法则，帮助千千万万的普通人走上成功和致富的光明大道，就凭这句话，改变了他的生命，帮助他和无穷智慧发生联系，使他成为20世纪最有影响力的人物之一。

对卡耐基来说，继母就是他的伯乐，她没有介意他淘气的缺点，而是给了他足够的尊重、信任与鼓励，使这个能量充沛的孩子得到了充分的发展，古语说：“千里马常有，而伯乐不常有”。垃圾是放错了地方的资源，再优秀的资源放错了地方，也会成为垃圾。每位孩子都是一份宝贵的资源，关键看你有没有一双发现的慧眼！每个孩子都是天堂花园里一朵独特的小花，都有属于自己的独特芳香。这就是个性差异的表现。所以，《指南》强调：要“尊重幼儿发展的个体差异”“切忌用一把尺子衡量所有幼儿”。

第一节　个性差异概述

一、个性的定义

个性指人的整个精神面貌，即具有一定倾向性的心理特征的总和。儿童的个性差异主要是通过个性心理特征表现出来。如完成某种活动潜在的能力特征；表现在心理活动速度、强度、稳定性、指向性上的气质动力特征；在活动中表现出的稳定的态度和行为方式的性格特征；可见，个性结构是多层次、多侧面的，每一个孩子都是由复杂的心理特征独特结合构成的个体。不同的遗传素质，不同的生活环境，形成了千姿百态的个性特征。有的孩子认真细致，有的孩子粗枝大叶；有的孩子性格张扬，有的孩子性格内向。“龙生九子，各有不同”，正是这种差异构成了儿童行为表现的丰富性。

二、产生个性差异的因素

1. 遗传是个性差异形成和发展的前提基础

遗传素质是指与生来俱来的解剖生理特点。如，身体构造、毛发颜色、个头大小、神经类型的特点等。遗传素质为个性的形成发展提供了生理基础。如天生的盲人不能成为画家，聋哑的人也绝不能成为歌唱家，即使是同卵双胞胎，个性特点也不会完全相同。

2. 生活环境是个性差异形成和发展的决定因素

遗传素质在个性形成中仅仅提供了必要的前提和基础，这种可能性是否能转变为现实性，主要取决于后天的社会生活环境。

家庭是社会的基本单位，是儿童成长的摇篮，儿童期主要是在家庭中度过的，是人一生中最重要的时期，家庭的结构、经济条件、环境氛围、教养方式等都对儿童产生着重要的影响，是人终生心理健康发展的基石。我国学者对 28 个省、市、自治区的 729 名离异家庭的儿童和 825 名完整家庭的儿童进行过比较研究，发现离异家庭的儿童表现出更多的焦虑、自卑、孤僻、冷漠、畏缩、敌对等消极情绪。可见，不健全的家庭结构对儿童心理发展产生的影响是不可估计的。联合国颁发的《儿童生存、保护和发展世界宣言行动计划》中明确指出：“家庭对于培养和保护从婴儿到青春期的儿童负有主要责任。家庭对儿童所产生的作用，是其他环境所无法替代的。”

除家庭外，儿童心理活动的发展还与所处的社会环境密切相关。社会环境包括物质环境和精神环境。社会的物质环境制约着儿童心理发展的水平和速度，也是儿童个性差异产生的重要条件。

3. 幼儿园教育对儿童个性差异形成发展起着主导作用

《纲要》指出：幼儿园是幼儿生活和学习的重要场所。幼儿园教育对儿童的心理发展起着主导作用。这是因为幼儿园教育是有目的、有计划、有系统的教育，幼儿园的教育是在国家及其各部门的有目的、有计划的指导下，按照一定的步骤和环节有系统的开展的，这种有目的、有计划的活动，在影响儿童身心发展的各个因素中起着主导作用，影响着儿童心理发展的方向和水平。

幼儿园教育是按照儿童的身心发展规律和年龄特点进行的教育，《纲要》指出：幼儿园教育应尊重幼儿的人格和权利，尊重幼儿身心发展的规律和学习特点，以游戏为基本活动，保教并重，关注个别差异，促进每个幼儿富有个性地发展。在此指导下《指南》把幼儿的学习与发展划分为健康、语言、社会、科学、艺术五大领域，从 3—4 岁、4—5 岁、5—6 岁三个年龄阶段进行，充分尊重了儿童的年龄特征和身心发展规律。

【案例】

1978 年，75 位诺贝尔奖获得者在巴黎聚会。人们对于诺贝尔奖获得者非常崇敬，有个记者问其中一位：“在您的一生里，您认为最重要的东西是在哪所大学、哪所实验室里学到的呢？”

这位白发苍苍的诺贝尔奖获得者平静地回答：“是在幼儿园。”记者感到非常惊奇，又问道：“为什么是在幼儿园呢？您认为您在幼儿园里学到了什么呢？”

诺贝尔奖获得者微笑着回答："在幼儿园里，我学会了很多很多。比如，把自己的东西分一半给小伙伴们；不是自己的东西不要拿；东西要放整齐；饭前要洗手；午饭后要休息；做了错事要表示歉意；学习要多思考，要仔细观察大自然。我认为，我学到的全部东西就是这些。"所有在场的人对这位诺贝尔奖获得者的回答报以热烈的掌声。

4. 儿童自身是个性形成发展的根本原因

影响儿童心理发展的因素不仅包括客观因素，还有主观因素，即儿童心理发展的自身因素，客观因素是外部因素，自身因素是内部因素，外部因素要通过内部因素才能起作用，所以儿童的自身因素是心理发展的根本动力。在儿童心理发展中，外因的作用是重要的，它是心理发展所不可缺少的条件。但是，外因的作用无论有多大，毕竟只是一种外在的条件，如果它不通过心理发展的内因，不对心理发展的内在关系施加影响，它是不可能起作用的。那么，无论有多好的环境条件或教育措施，也不能使儿童心理发生某种特定的质变。喜欢下棋的小朋友，即使在下棋的过程中很辛苦，也能克服困难，坚持下去，努力把棋下得更好；而不喜欢的小朋友则比较容易放弃，或者即使坚持下去，也要付出较多的个人努力。再如，天资不聪明的儿童也可以通过后天的努力进行补偿，这就是通常所说的"勤能补拙"的道理。

总之，每个与众不同的儿童都有其独特的生存与生活背景，个性差异是受多因素影响的结果。

第二节　气质差异与指导策略

一、气质的概述

虽然是刚出生不久的新生儿，但表现却各不相同：有的孩子哭声大，有的孩子哭声小，有的孩子不哭也不闹，还有的无论别人怎样，只顾自己睡呼呼大觉。为什么刚出生的孩子，就有了这么大的差别？儿童所表现出来的这种先天性的差异来自气质。

1. 定义

气质是个体的心理活动所表现出来的稳定的动力特征。主要表现在心理活动的速度、强度、稳定性、指向性方面。如在强度上：如有的孩子哭声大，有的孩子哭声小；在速度上：有的孩子反应快，有的反应慢；在稳定性上：有的孩子情绪稳定，有的孩子情绪不稳定；在指向性上：有的孩子性格外向，有的内向。为什么会有这样不同的表现呢？

2. 气质差异

巴普洛夫认为人的神经活动有强度、平衡性、灵活性三个基本特性，三种特性有不同的组合方式形成了不同的表现，从而产生了各自的神经类型，成为不同的气质表现，如表 11-1 神经类型与气质差异。

表 11-1　神经类型与气质差异

高级神经活动类型	气质类型	心 理 表 现	代表人物
强、不平衡	胆汁质	反应快、易冲动、难约束	张　飞
强、平衡、不灵活性	黏液质	反应迟缓、安静、有耐性	猪八戒
强、平衡、灵活	多血质	活泼、灵活、好交际、浮躁	王熙凤
弱、不平衡	抑郁质	胆小、孤僻、敏感、细腻	林黛玉

不同气质的人在生活中的表现也是不一样的，胆汁质的人直率热情，反应迅逗，但脾气急躁，易冲动；黏液质的人安静稳重，善于自制，但是对事冷淡，反应迟缓；多血质的人情感丰富，反应灵活，但做事不专一，情绪不稳定；抑郁质敏感、细腻，但多愁善感，行为孤僻。同时，因为气质的形成受神经类型和遗传的影响，是与生俱来的，比较稳定，一旦形成就不易改变。我们通常所说的"江山易改，本性难移"指的就是人的气质很难改变。当然，这种稳定性也不是绝对的，气质还具有可塑性。由于儿童是发展的个

体，神经系统的发育还没完成，再加上环境和教育的作用，也可以使儿童的已经形成了的气质类型在一定程度上得到改变或掩蔽。如电影《别碰我的童年》中的文佳，是一位和爷爷奶奶生活在农村的，活泼快乐的小朋友，可是后来随陌生的父母进了陌生的城市，环境变了，也失去了儿时的同伴，就变得郁郁寡欢了。使原来活泼开朗的气质特点发生了掩蔽，但是当环境熟悉了，与父母关系融洽了以后，便又恢复了原来活泼、快乐的气质特点。针对气质的这些特点，成人应该怎样教育和引导儿童呢？

二、不同气质类型儿童的教育

首先，要了解和接纳儿童的气质特点。

生活中，我们要根据儿童在学习和游戏等各项活动中的表现，如是不是爱哭，是不是急躁，是不是内向，来判断儿童的气质特点，并逐渐接纳孩子身上那些令人烦恼的表现。如，爱哭、脾气大、易冲动等特点。因为这些特点往往是天生的，改变起来很艰难，如果一味地指责，反而会伤害儿童的自尊心，给孩子心理发展带来阴影。

虽然儿童表现出各种气质特点，但成人不要轻易给孩子贴上某种标签：如这个孩子就是笨，那个孩子就是胆小鬼，因为言语对儿童的行为具有暗示作用，长此以往，孩子便会朝着成人贴标签的方向发展，反正你说我是笨蛋，反正你说我是胆小鬼，我就是胆小鬼。而是要用积极的态度，鼓励性的语言，对儿童进行正面的引导，如，“如果你胆子再大些会更好”“如果你再努力些老师会更高兴”。

其次，根据儿童的气质特点，因材施教。

要根据不同儿童的气质特点，提出不同的要求，采取适当的措施，区别对待。因为同样的要求会在不同儿童身上产生不同的影响。如，难度较大的问题会激发多血质儿童探索的欲望。但对抑郁质的孩子来说就容易产生挫折感，所以，成人要对各种气质类型的儿童区别对待，尤其是对于极端气质类型如典型的胆汁质和抑郁质，要格外注意。

实际上两千多年前，大教育家孔子就已经发现人与人之间的气质差异了。在《论语》中有这样的记载：子路问：“闻斯行诸？”子曰：“有父兄在，如之何其行之？”冉有问：“闻斯行诸？”子曰：“闻斯行之。”公西华曰：“赤也惑，敢问。”子曰：“求也退，故进之；由也兼人，故退之。”是说子路和冉有向孔子请教同一个问题：听到一个主张，是不是应该马上去做呢？孔子对不同的人作出不同的回答。他对子路说：家里父兄在，你应该先向他们请教再说，哪能马上去做呢？而对冉有却说，应当马上就去做。站在一旁的公西华想不通，便问孔子这是为什么呢？孔子开导说：冉有遇事畏缩，办事犹豫不决，所以我鼓励他临事果断，子路遇事轻率，逞强好胜，所以我就劝他遇事多听取别人的意见，三思而行。这就是因人而异、因材施教的教育思想。

案例分析

案例1：安静的元宝

行为观察： 区角活动开始了，小朋友们兴奋地喊叫着冲进了各自喜欢的区域，元宝却一下蹲到地上，一脸的愁容。我感到很纳闷，走了过去，蹲到元宝的对面轻轻地问：“小朋友去玩了，你怎么不去啊？”元宝好似没听见一样，没有吱声，我又问了一遍，元宝很不耐烦地大声对我说：“我不喜欢玩，你不知道吗？”我不禁愣住了，平时看到的都是孩子们没有玩够，意犹未尽的脸，还没见到过孩子不喜欢玩这样的情况，我感到有些复杂，便轻轻地问：“与小朋友一起玩游戏多快乐啊，你看小年和伟伟他们玩得多开心，我们也过去玩吧？”元宝说：“我不去，我就在这儿蹲着。”我耐心地对元宝说：“那是元宝今天心情不好，不喜欢与小朋友一起玩吗？”元宝瞅瞅我，说出了真相：“不是，我不喜欢他们大声说话。”我轻轻地对元宝笑了说：“哦，原来是这样，那我们可以提醒小朋友小点声说话，不过现在是自由活动时间，小朋友都非常高兴，元宝高兴了也可以大声说话。”我牵过元宝手说：“让我猜猜元宝喜欢哪个区角呢？”“阅读区？”元宝摇摇头，“那是表演区？”元宝说：“都不是，我喜欢积木。”“哇，是这样啊，我怎么没想到呢，我也喜欢积木，咱俩一起去玩吧。”可是元宝到了建构区蹲在那个地方仍然不动，我无奈地说：“唉，我想玩这个积木，可是不会，你能帮助我吗？”“好吧。”元宝终于参与了活动，元宝一边搭积木，我在一边表扬，同时也鼓励其他小朋友参与到元宝的活动中，他越做越高兴，积木大桥建好了，我给他和小朋友共同建好的作品拍了照，并对他说："看，元宝和小朋友在一起多有劲啊，能搭这么好的大桥，我都没想到呢！以后，我们每次都一起搭，好不好？"元宝得意洋洋地说"好"。"那我们击掌约定啊！""YES！"元宝脸上的笑容更加灿烂了，这时美娜老师走过来说"元宝，你天天都这么快乐好吗？"元宝深深地点点头说："好！"

行为分析：事情过后，我与美娜老师进行了交流，美娜老师说："元宝是个非常安静、守纪律的孩子，就是很不合群，不愿与小朋友一起活动，每次集体活动的时候，他都很打怵。"不合群的孩子虽然说不上是什么毛病，但却妨碍他们去适应环境和学习新知识，不仅脱离周围的小朋友，而且明显地影响孩子的进取心，甚至损害身体健康。孩子不合群，跟先天气质有关，但更主要的原因是父母封闭式的教育所致。元宝的父母都是知识分子，也不喜欢参加社交活动，平时就是自己看自己的书，做自己的事情，整天把孩子关在家里，把电视当保姆，让元宝与玩具、游戏机和小人书等为伴，还由于担心与别的孩子一起会产生矛盾，甚至会染上坏习气，不让孩子出去和其他小朋友玩耍，天长日久，孩子也成了笼中之鸟了。

除此之外引起孩子不合群的原因还与父母对孩子的教养方式有关。父母对孩子过度关切，事事代为安排，往往令孩子失去发展合群性的机会。由于孩子缺乏练习，就不知道怎样才能参与小朋友的活动啦。所以，导致孩子不合群、不善交往的主要原因在于气质差异、环境因素和父母的教养方式。长此以往，孩子将来也会难以适应学校和社会生活，与伙伴相处时，难以相安无事，不是争吵打架，便是畏缩，最后被群体孤立，影响学习、工作和生活。那么，怎样帮助像元宝这样的小朋友呢？

行为指导：首先，要创造与孩子在一起的机会。

父母要挤出时间亲近孩子，每天要抽出一定的时间跟孩子在一起交谈。节假日带孩子去公园或亲朋好友家走走，积极创造条件让孩子与小伙伴一起玩耍。开始时父母可陪伴在旁与他们一起做游戏，当熟悉之后可让孩子自己玩。每次游戏后父母都应及时地表扬孩子玩得好、玩得有趣，使孩子在玩乐中感受到小伙伴的可爱以及集体生活的快乐。

其次，成人要有意识地培养孩子的合作能力。

成人可以交给孩子一些一个人单独难以完成的任务，鼓励孩子与别人合作完成，或向他人求助才能完成，增加孩子与别人交往的机会。教孩子懂得一个人的力量很小，有些事情办不到，而大家一起做，事情就好办了。让孩子学会交朋友。在孩子与小朋友的交往中，成人要教育孩子严于律己，宽以待人，互相信赖，彼此尊重，以培养孩子团结合作的精神。对于爱捣乱、爱逞能、惹是生非的孩子，成人要纠正他们的行为，慢慢地孩子就会融入集体之中。

再次，要鼓励孩子参加各种体育活动。

体育活动是一种需要直接与人正面接触和具有竞争意识的群体活动。不论是棋类还是球类，不论是田赛还是径赛，总是要有几个以上的人参与才有意义。更重要的是，体育活动不但需要智慧和力量，而且需要胆量。这胆量，正是人际交往所必需的一种要素。鼓励孩子经常参加各种体育活动，既有利于提高孩子的身体素质，有利于培养兴趣，也有利于提高交际能力。孩子一旦爱上体育，就会主动寻找对手，这种寻找，就是交往，合适的对手，往往就是友谊的伙伴。

案例2：胆小的帅帅

行为观察：宝宝班帅帅的奶奶来幼儿园咨询，很焦急地诉说自己的宝贝孙子帅帅从小胆子就非常小，出去聚会，不敢在外人面前说话，让家人很没面子。在小区里，不敢与其他小朋友正常玩耍，奶奶说：一个男孩子，这么小的胆子将来可怎么好？

行为分析：儿童由于与生俱来的气质特点，有的孩子会出现敏感、胆小的心理特点，但是尽管气质难以改变，并不是不能改变，随着后天环境变化或教育的作用，也可以使某些与生俱来的特点发生改变或掩蔽，只是，家长或幼儿园教师要了解孩子的特点，绝对不能再通过自己不当的教养方式加重孩子的某些表现。从后来我对帅帅的了解中得知，帅帅的妈妈比较年轻，帅帅的奶奶年龄也不大，婆婆心疼年轻的儿媳妇，也是由于自己身体比较健壮，担心儿媳妇年轻不会带孩子，所以帅帅在家里日常起居的一应事物就都由奶奶代劳了，把帅帅照顾得无微不至，简直是：吃饭要喂，睡觉得陪，穿衣更得奶奶全权负责了。奶奶的心思比较细腻，生怕自己带的孙子在安全上有什么闪失，所以不准帅帅从事任何剧烈的活动，到小区玩怕摔倒，和小朋友在一起又怕打着，所以每天都把帅帅圈在屋子里……

行为指导：从上面的分析中我们看到，原本就胆小的帅帅，经过了奶奶过度的管理和过多的限制，变得愈加严重了。我们知道，儿童任何行为的背后都对应着相应的教养方式，家长什么事情都不让孩子去做，反而抱怨孩子不能自理；孩子做什么事情都被吓唬，反而抱怨孩子胆小，真的难为了孩子，要怎样去做，才能满足这些自我矛盾的家长呢？要帮助帅帅克服孩子胆小、敏感的毛病，必须从以下五个方面做。

1. 要正确对待孩子的退缩行为

当发现孩子有胆小等退缩行为时，不要把他与那些善交际的孩子比较，要体谅孩子的心情，更不能由于心急而粗暴地对待孩子，尤其不要当着外人说“我这孩子就是胆小”，而要进行积极的强化，抓住孩子表现出的闪光点，及时鼓励，千方百计帮助孩子克服所遇到的困难。

2. 要创设宽松的环境，放手磨炼孩子的意志

家长和教师不要过多限制孩子的手脚，而是要创设宽松的生活环境，要敢于放手让孩子在生活中进行磨炼，家长的包办代替会加重孩子胆小怕事的特点，使孩子缺乏独立精神和应变能力，一旦离开父母便神色慌张，不知所措。而且，适度的挫折与磨难，对孩子的成长是不可或缺的财富，家长和教师不仅不轻易地剥夺之，还要在保障安全的情况下，有意地提供机会，从而提高孩子的胆量和耐受挫折的能力。

3. 要扩大孩子的交往范围

家长和教师应有意识地引导胆小的孩子与其他人广泛交往，让他在不知不觉中参与到游戏、购物、接待客人等活动中去。刚开始的时候，可先带他观看其他小朋友的游戏，当孩子被别人的欢乐的情绪感染时，再请别的小朋友邀请他，鼓励孩子去参与，引导他逐渐习惯陌生的环境、陌生的人。家长也要经常带孩子串门、去公园或参加一些社会实践活动，但在过程中要注意陪伴，使孩子有安全感。在幼儿园中，教师要积极鼓励孩子多参加集体活动，多为他们提供与小朋友交往、玩耍的机会。

4. 要为孩子树立正面的榜样

教师或家长要经常给孩子讲英雄模范的故事，让故事中英雄人物的言行来潜移默化地影响孩子。同时，多给孩子积极的心理暗示，给孩子列举一些他自己的勇敢行为，如打针没有哭，或仅哭了一小会儿；能大声讲话；敢于承认错误等。还应注重父亲对孩子的影响。父亲要多和孩子说笑、玩耍，平时多与孩子谈论爸爸，让父亲的形象和行为清晰地保持在孩子的心目中。

5. 要在游戏中培养孩子的胆量

游戏是孩子的天性，每个孩子都喜欢融入游戏的情境中。可以用游戏的口吻鼓励孩子在幼儿园、家里进行各种表演。从表演给父母、老师看，到表演给客人看，再发展到其他外界场所，这样层层递进，并通过及时的表扬、鼓励，逐渐增加儿童的自信心。

案例3：不愿坐着的妞妞

行为观察：妞妞是一位刚入园的小朋友，别的小朋友都已经坐好了，妞妞还在满地乱跑，我走过去悄悄对妞妞说：“妞妞快回你的座位，小朋友都坐好了。”妞妞无动于衷，跑到区角玩积木去了。我跟上去继续劝说，仍然没有效果，这时上课的小伟老师大声地说：“哎呀，妞妞的小凳子不高兴了，快听，小凳子说：‘小朋友的凳子都有人保护，我怎么没人保护啊？’妞妞怎么不去保护她？妞妞快去！”妞妞立马跑回了座位。小伟老师类似这样的语言有很多种，比如，小朋友淘气了，小伟老师就用手握成望远镜的模样，对大家说：“拿出我们的小望远镜望一望，看看哪个小朋友又淘气了？”于是班级就会立刻安静。我真是对小伟老师的语言很佩服，在我看来，这么多连话都听不懂的孩子，能够对她言听计从，还真得有点办法，我想对于宝宝班的孩子来说，这所谓“办法”就是教师言语的魅力。

行为分析：德国著名教育家第斯多慧指出：“教育的艺术不在于传授本领，而在于激励、唤醒、鼓舞。”幼儿教师的语言就是“激励、唤醒、鼓舞”幼儿积极性的工具，幼儿教师恰当的语言能够稳定幼儿的情绪，激发幼儿积极的情感，提高幼儿学习的兴趣，陶冶幼儿的情操。起到化深奥为浅显、化抽象为具

体、化平淡为神奇的独特作用。

行为指导：

1. 语言要体现对幼儿的尊重

孩子虽小，但也有很强的自尊心。如果不注意，就会给孩子的心灵带来消极的影响，所以教师平时应注意以“学习活动的支持者、合作者、引导者”的身份，把幼儿视为平等的合作伙伴，用亲切和蔼的口吻，讨论的方式指导幼儿的各项活动。“你们干什么呢？谁让你们说话的？我刚才说的没听见吗？”这样大声的训斥，不仅不会收到教育效果，还会严重影响教师在儿童心目中的形象。表达是一门艺术，教师要让自己的语言充满魅力，给孩子留下美好的回忆或启迪。

2. 语言要符合幼儿年龄和兴趣特点

开展活动时，老师使用的指导语，要充分考虑孩子的年龄特点，适应孩子的经验水平，具体、生动形象，同时还要辅以必要的表情、语气和手势，研究表明，交流时，文字、语调、表情、肢体动作等所起的作用是不同的，其中，文字占 7%，语调占 38%，肢体动作占 55%。文字、语调、表情、肢体动作构成了交流的表达系统，只有完美的配合，才能产生最佳的效果，帮助孩子更好地理解老师的意图。

3. 语言要幽默机智

充满机智的语言，不仅能促进幼儿思维的敏捷性和灵活性，还能使集体活动妙趣横生，充分调动幼儿学习的积极性，比如跑步的时候小伟老师会说“小丽丽快加油，小朋友要踩到你的小尾巴了”；吃饭的时候会说“看谁的小饭粒被丢弃了”；洗手的时候会问“谁的小手还没有香喷喷”。幽默风趣的语言不仅活跃了班级的气氛，还调动了孩子们参加各项活动的积极性。

4. 语言要有激情

“你知道吗，文文会说：‘到’了”“天天会穿鞋了”。每天都能听到小伟因孩子点滴进步而激情四射地感叹。优秀的教师一定是有激情的教师。教师的魅力就在于激情！语言是有生命力的，优秀的教师能让枯燥的语言充满生命的力量，从而散发迷人的魅力。“小俊俊今天坐得真直，老师真爱你”“格格画得真好，我太高兴了”……一句句真挚的话语，激荡着孩子的心灵，激发着孩子的兴趣，让孩子们在情感共鸣的氛围中，在心情愉悦的环境里得到知的丰富，美的陶冶、情的升华。

第三节　性格差异与指导策略

一、性格差异的概述

人们常说：“性格决定命运”，什么是性格？为什么性格能够决定命运呢？

1. 性格的定义

性格是人对现实稳定的态度和习惯化了的行为方式。著名作家卓越在他的《态度决定一切》中说：人不能改变过去，但可以改变现在；人不能改变别人，但可以改变自己；人不能改变环境，但可以改变态度。态度是人的愿望，我们有学习态度、工作态度、交往态度、人生态度，态度直接影响行为，行为产生结果，性格是态度和行为的结合，所以，性格决定命运。

一个人一旦形成某种性格，就会经常表现出一致的态度和行为方式。如一个热情的人，无论是在家，还是在单位，对人都会非常热情。一个兴趣广泛的孩子，无论看到什么都有探索的愿望，因此性格是有差异的，那些有益的性格如：精忠报国，让岳飞名垂千古；勤奋认真，让爱因斯坦成为科学的巨人；谦虚谨慎，让周总理流芳百世；顽强不屈让芈月成就大秦伟业。可见，有益的性格不仅是个人成长的基础，决定自己的命运，也有益于国家和民族的发展。相反，不良的性格如：懒惰胆小的刘禅，坐失大好江山；自负暴虐的项羽，自刎江东，铸就悲剧人生；心胸狭隘的秦可卿机关算尽太聪明，反害了卿卿性命；自私狭隘的慈禧，丧权辱国，遭万世唾弃。不良的性格不仅害人害己，也会为社会带来巨大危害。可见性格不仅会决定自己的命运，还会影响国家和民族的命运。

2. 性格差异

3岁左右是儿童性格的萌芽期，以后随着行为习惯的发展，便迅速发展起来。这就是我们常说的少小老无性，习惯成自然。在幼儿期里，形成了共同的性格特征。如在行为上，活泼好动；在认识上，好奇、好问、好模仿；在情绪上，好冲动；在人际交往上，好交往等。也出现了最初的性格差异。如表11-2儿童的性格差异。

表11-2　儿童的性格差异

性格特点	优秀特点	不良特点
合群性	喜欢交往 乐于助人	不爱交往 对人冷漠
独立性	独立自主 自己的事情自己做	依赖性强 凡事都等、靠
自制力	勇敢顽强 快乐自制	胆小怕事 冲动忧郁
活动性	勤奋努力	懈怠懒惰

俗话说：积行成习，积习成性，积性成命。著名心理学家威廉·詹姆士也说：播下一个行为，收获一种习惯。播下一种习惯，收获一种性格。播下一种性格，收获一种命运。那么，如何培养孩子形成良好的性格特征呢？

二、不同性格儿童的教育

性格不是天生的，要有行为的参照。

首先，我们要提供良好的榜样示范。

洛克在《教育漫话》书中写道：儿时所形成的印象，哪怕是极微小的，小到几乎察觉不出，都有着极其重大、长久的影响。这里的印象就是成人的言行，由于儿童的模仿性强，你不经意的一言一行一举一动，虽然我们并没有察觉，但对孩子来说就变成了行为的样本。所以，榜样的力量是无穷的，孔子说："其身正，不令而行，其身不正，虽令不从。"孩子是看着成人学做人学做事。教育无小事，细节往往决定成败，因此，成人一定要注意修养自己的言行，为孩子提供良好的榜样示范，要求孩子做到自己首先要做到。

其次，创设宽松和谐积极向上的育人环境。

性格是在环境中形成的，环境对儿童具有潜移默化的影响，在温馨和睦的环境中，各成员间心灵相通，互相关心，平等互助，儿童性情稳定，乐观开朗，团结友爱，自尊自信。而在沉闷、矛盾、紧张的环境中，孩子就容易形成孤僻、冷漠、自暴自弃的性格特点。所以，《指南》指出：家庭、幼儿园应共同努力，为幼儿创设温暖、关爱、平等的家庭和集体生活氛围，促进儿童身心健康发展。最好的教育是无形、无声的渗透。古语说："猪圈里养不出千里马，花盆里栽不出万年松"。种瓜得瓜种豆得豆。你希望孩子是什么样的，你就要为孩子提供什么样的条件，只有这样，才能激发出孩子潜在的能量。

再次，要采用恰当的方式和方法。

性格是稳定的态度和习惯化了的行为方式，一旦形成就具有一定的稳定性，尤其是某些不良的性格特点，一旦形成，也不易改变。所以，在对儿童进行性格培养时，要注意采用恰当的方式和方法，常见的方法有：表扬鼓励法、批评教育法、榜样示范法、游戏扮演法、尝试练习法等。一种方法对某位孩子有效，对其他孩子不一定好使，所以成人要根据不同儿童的特点，耐心细致地做好教育和引导工作，巩固儿童已经形成的良好性格，逐步克服不良的性格特点，为儿童命运的发展奠定基础。

案例分析

案例1：宁宁的故事

行为观察：

镜头一：宁宁是个4岁的小女孩，与同龄小朋友比起来，又高又壮。今天上数学课的时候，老师教

小朋友认识数字宝宝，宁宁旁若无人地离开了课桌，走到了音乐区角，拿起一个奥尔夫乐器，自顾自地敲了起来，祖老师看见了说："宁宁，请你回到自己的座位。"宁宁好像没听见一样，仍然自顾自地玩着，祖老师不得不停下，来到宁宁跟前，把宁宁领了回去。下课的时候，祖老师把宁宁叫到跟前问："宁宁，上课时，小朋友都在听课，你为什么跑到那里去？"宁宁拧着身体小声地说："我不想上课，我想敲那个！"祖老师哭笑不得，宁宁总是这样，自己想干什么就干什么，从来不考虑别人的感受，来到班级后可让老师头疼了一阵子呢，最近好多了，今天又"原形毕露"了。

行为分析：在与祖老师的谈话中我知道，宁宁的家庭条件比较优越，她是家里的小太阳，在家想要什么就要什么，说一不二，是一个"任性小公主"。

宁宁在课堂上乱走，一是由于家长的过度溺爱、过度放纵，形成了比较任性的性格；二是由于宁宁比较聪明，学习能力较强，祖老师的上课内容她已经掌握了，不再有兴趣，自然而然地就被别的东西吸引了。

行为指导：首先，家长、老师多与孩子沟通，让孩子既体会到父母、老师的爱，同时也让孩子学会尊重别人、爱别人。要找机会多给孩子讲品德故事，让她知道怎样的行为受人欢迎，怎样的行为不被人接受，不受欢迎，怎样做正确，怎样做不正确。

其次，教师在课堂上对宁宁因材施教，把难度较大的问题留给她，设置悬念，调动她听课的注意力和学习的积极性；或者给她额外分配一些任务，既让她学会怎样为别人服务，获得大家的认可，又可以把她紧紧地纳入班集体的怀抱中。

最后，家庭成员的教育方式和态度要保持一致。不一致的教育往往导致孩子不知道到底应该怎样做，只有采取一致的教育态度，才不会让孩子有机可乘，才能改变孩子任性的不良习惯。

镜头二：课堂上宁宁总是很快就能完成学习的任务。今天的课堂上祖老师让小朋友剪树叶，宁宁很快就剪好了，为了充分调动宁宁的积极性，祖老师让宁宁收拾其他小朋友剪下的废纸，宁宁非常认真地一桌桌地收。瞧！真是一位勤劳的小帮手呢！可是收着收着，就和小朋友发生了争执，原来，"苹果组"还有好几个小朋友的树叶还没剪下来呢，宁宁便楞把边给拽下来了，结果把人家的树叶给拽坏了，弄得几个小朋友很不高兴。

行为分析：从这个镜头中，我们已经看到了宁宁可喜的进步，宁宁不仅能力强，自己的任务完成得又快又好，而且非常认真愉快地接受老师布置的"捡垃圾"的任务，说明宁宁是一个非常能干、非常爱劳动的好孩子。可是在后面的劳动中，宁宁还是与小朋友发生了冲突，既不能因为冲突否定了宁宁的劳动热情，也不能因为宁宁的劳动了而忽视宁宁的做法，教师适时的引导是宁宁继续进步的阶梯。

行为指导：这个问题出现的主要原因还是由于宁宁的自我中心，光想着完成老师的任务了，没考虑小朋友的感受，所以发生了冲突。我们在教育过程中仍然要培养宁宁学会等待、学会尊重别人的习惯。实际上，宁宁的年龄还小，理解他人的能力也非常有限，常常因为表达不清或思考不到，而和小朋友发生冲突。所以我们积极鼓励她在交往中逐步学会运用询问、商量、观察等方法去了解小同伴的意愿和行为。如：在活动中引导她去思考、询问他人情感发生变化的原因。"她为什么哭了？""什么事使她生气了？""我该怎么办？"等，使孩子在老师的启发下能注意理解别人的看法和心情，学会站在他人的角度思考问题，只有理解了，才能学会尊重。

镜头三：今天，我从园长室出来，到中二班的时候快九点了，宁宁一个人坐在班级前面的小凳子上，面前放着一碗疙瘩汤，我走过去的时候，祖老师连忙跟我解释说；宁宁早晨因为穿衣服，不听妈妈的话，和妈妈发生冲突，来晚了，我都给她热了二遍了，还是不吃。我对祖老师说：再给宁宁热热吧，这次宁宁一定会吃的。祖老师把热好的饭端来了，放在宁宁的面前，宁宁就像没看到一样。我轻轻地坐在宁宁身边，对宁宁说："快吃了吧，宁宁，一会又该凉了。"宁宁面无表情，以下是我和宁宁的对话：

我："宁宁为什么不吃饭呢？"

宁："不想吃。"

我："哦，那是宁宁早餐吃多了。"

宁："不是，我早晨没吃饭。"

我："那你不饿吗?"

宁："饿。"

我："那为什么不吃饭呢?"

宁："爸爸说带我晚上去饭店。"

这个让我哭笑不得的答案，我真没想到。多么不容易的孩子，为了晚上去饭店，竟然要饿一天。我把宁宁揽在怀里对她说："宁宁，不是你要不要吃饭，而是我们的小肚子需要吃饭，你不吃饭，小肚子就不愿意了，因为它饿呀，它不愿意了，就会肚子疼，你肚子疼过吗?"宁宁点点头，"嗯，那就是小肚子不高兴了，如果肚子疼厉害了，怎么办呢?""去医院。""对了，肚子疼厉害了就是生病了，要去医院，还要打针，你看不吃饭的害处多大呀!"宁宁立刻端起饭碗把疙瘩汤喝了个精光。

行为分析：课下我了解到，宁宁的家庭条件比较优越，家人对宁宁也比较娇惯，尤其是爷爷，据说给宁宁买的一条裙子花了900多元，宁宁非常喜欢那条裙子，无论天冷天热，都得穿，今天早晨与妈妈的不愉快也是因为穿裙子导致的。平时在家中也是极其挑食，今天想吃"炸酱面"，明天想吃"麻辣烫"，妈妈爸爸就必须开车去买。

宁宁的家里是典型的溺爱式的教育，溺爱是一种失去理智、影响儿童身心健康的"爱"。由于溺爱，儿童小小年纪便享受了家里的最高待遇，往往使孩子形成唯我独尊的心态，物质上的过分满足，要什么给什么，造成孩子只知道索取，不懂得珍惜；稍有不如意，小时候大哭大闹，大了可能就会寻死觅活，再严重还可能违法乱纪，我国自古以来就有"慈母败子"的说法，古人云："虽曰爱之，其实害之；虽曰爱之，其实仇之。"溺爱的现象多发生在独生子女的家庭，比如偏食的现象，独生子女占81%，而非独生子女仅占12%。由于孩子偏食，容易导致体内蛋白质、脂肪等营养素缺乏，使身体日渐消瘦，抵抗力下降，体质虚弱，造成体格和智力发育减慢。所以，溺爱是教育的毒草，是不能允许其肆意生长的。

行为指导：

我们为宁宁的家长提出的建议如下。

第一、召开家庭会议，在对宁宁溺爱的问题上统一认识，全体家庭成员明确溺爱的危害，为她的快乐成长提供健康的、民主的生活环境，从而取代包办的、骄纵的教育方式。

第二、家长要对孩子进行正确的正向教育，淡化负面的渗透，比如在食品方面突出食品的营养价值，而不是多么值钱、多么好吃；在服饰方面，突出服饰的舒适，而不是多么昂贵、多么漂亮。这样，把孩子的视线逐渐转移到实用的、有益的事情上来。

第三、家长要多带孩子参加积极健康的游戏、户外活动或公益活动，培养孩子广泛的、高雅的兴趣。由此我也得到启示，不是孩子不好教育，是我们没有找到合适的方法，教育有法，但教无定法，贵在得法，找到适合孩子的教育方法，是教育者教育艺术的体现。

马拉古齐有一首诗《其实有一百》：

孩子，是由一百组成的
孩子有一百种语言
一百只手
一百个念头
一百种思考方式
一百种游戏方式
还有一百种……

我们常说：要"蹲下来与孩子说话"，蹲下的不是身躯，而是我们与孩子息息相通的心灵。

案例2：两张面孔的千千

照片中的这个小女孩叫千千，瞧瞧可爱的脸蛋，笑眯眯的眼睛，多么乖巧的一个小宝贝，可是如果你

昨天看到了她与爸爸的对话，你就不会这么认为了。昨天放学的时间，我从家长会客室送走最后一名家长，在小一班的门口遇到了千千的爸爸，一位瘦高、略带腼腆的三十多岁的男性，千千爸爸主动跟我打了招呼后说："罗老师，你说我们家千千怎么办？现在就管不了了。"我惊讶地说："怎么能呢？千千是一位很乖巧懂事的孩子啊。"爸爸说："可别提了，罗老师，我都头疼死了，就说说昨天晚上的事吧。昨天晚上我们家一起去千千的姑姑家串门，九点多钟的时候，打算回家，千千说她不走，想在姑姑家住，因为第二天要上幼儿园，我和她妈妈劝了半天，也不行，非得住。没办法，我俩就回家了，刚到家门口，还没进屋，就接到了姑姑的电话，说千千闹着要回家，我俩又赶紧跑了回去。姑姑打开门，千千说又不想回去了，还是想在姑姑家住，没办法我俩又往回走，这回还没到家，千千的电话又来了，还是不在姑姑家住，还得去接。担心她在姑姑家闹，我俩又赶回了姑姑家，可是到门口，千千骄横地说我们去晚了，不能跟我俩回家，没办法，只好硬拖了回来，没气死我！"千千的爸爸摊着两只手说："你说，罗老师，这孩子怎么会这样？"我微笑着摸着千千的头说："为什么会这样，还不都是您的问题吗，千千想干啥就得干啥，在家说一不二的惯了吧。"爸爸又接着说："是呢，回家就看电视，不给看就耍赖。"我说："那可不行，无论干什么都要有规矩，到了看电视的时间看，不是看电视的时间就不能看。"爸爸说："您说的是，以后这电视不能随便看了，我发现孩子的眼睛都有点近视了。"意想不到的事情发生了，本来正玩着的千千忽然冲了过来，上去就推了爸爸一下，并大声地说："××，你等着，看我回家怎么收拾你！"我不禁被千千的举动吓到了，爸爸却乐呵呵地说："你看，就是这样！"

行为分析：千千小朋友在幼儿园里很听话，什么事情都能自己做，还非常愿意帮助其他小朋友，在老师心目中是好孩子，可回到家里却变得任性、娇惯，出现了与幼儿园大相径庭的两张面孔。

孩子之所以会出现在家和在幼儿园表现不一样的情况，是因为孩子在家里和幼儿园的生活环境不同，使孩子的行为有了"两面性"，幼儿在园与小朋友生活在一起，幼儿之间有榜样作用，而且，每个孩子自尊心很强，同伴在一起，谁也不甘落后，尤其是当教师表扬某个幼儿时，就会激起其他孩子的表现欲望，在教师的正确引导、积极鼓励下，又有同伴的影响，孩子们在幼儿园表现得都很出色。在家里就不一样了，爸爸妈妈、爷爷奶奶娇惯、溺爱，使孩子在家时任性、撒娇，想干啥就干啥，家长的话当作耳旁风，好像变了个人，出现了两面性，那么家长和老师应该怎么办呢？

1. 正视问题，理解孩子的表现

我们都知道一则有名的典故：橘子长在淮河以南很甜，长在淮河以北却很酸，本是同一种植物，为什么在不同的地方结出完全不同的果实？这是因为两地水土、气候、环境等生长条件的不同而致。同样一个小孩，在幼儿园和回家的表现不同，这也要从环境、教育方面找原因。所以，孩子在家和在幼儿园的"两面性"行为是很正常的，家长应以平常心来对待，对于孩子来说，家是他们可以撒娇、任性、霸道的地方。在幼儿园有教师、有小朋友、有秩序、有约束，或多或少有些不自由；回到家里，面对的是父母、是亲情，孩子的约束自然就没有了，出现了"两面性"的行为。

2. 家园互动，共同处理

教师和家长必须相互配合，淡化孩子的"两面性"行为，尤其是不要当着孩子的面说孩子，双方要及时互通信息，对孩子的点滴进步及时鼓励与肯定。如孩子自己穿衣服了、在幼儿园里敢于发言了等，都要给予及时肯定。

3. 家长要做榜样，构建和谐的家庭环境

家长要懂得在家要约束自己的行为，处处给孩子做榜样，要求孩子做到的，自己首先做到。不要以为孩子小不懂事，家长就可以说话不算或只要求孩子而自己做不到。古语云：人之初，性本善。要想孩子成为一个身心健全表里如一的人，家长要在孩子面前营造一种和睦的关系——等边三角形的关系，即父母与子女保持同等距离、同样亲密的关系，妻子（或丈夫）不要在孩子面前抱怨、挖苦对方，使父母在孩子面前具有同等重要的地位。

4. 要及早给孩子制定规矩

俗话说：没有规矩不成方圆。及早给孩子立规矩，让孩子从小就明了是非曲直，是非常重要的。父母给孩子立规则就是让孩子知道什么是他们应该做的，什么是不应该做的。事实证明，规矩对孩子的成长，不但起着约束作用，更会使孩子得到安全感。那么，如何给孩子立规矩呢？

(1) 父母之间先要沟通，达成共识。

父母在和孩子订立规矩之前，首先要明确哪些规矩对你的家庭和孩子特别重要？自己想要达到什么目的？接着要弄清楚孩子有哪些坏习惯需要改进？如果父母之间不能达成共识，常常为不能做出果断坚定的处置而争论不休的话，会给孩子带来很多困惑，孩子们也会随心所欲，想干啥就干啥。

(2) 让孩子参与规矩的制定。

给孩子树立的规矩，一定要简单易懂。如果孩子不明白所订的规矩内容，他就不知道什么是父母对他的期望。只有孩子明白了父母对他的要求，他才可以修正自己的举动，遵守规矩。反之，当他违反某项规矩时，师长即使不做出专断的"命令"，孩子自己也会察觉到。

(3) 奖惩要分明及时。

设立规矩的时候，就要把孩子不遵守规矩的后果明确告诉他，让孩子明确守规矩和不守规矩的后果。在孩子学习规矩的同时，要格外注意孩子的正面行为。一旦发现孩子按规矩做事，要及时鼓励和表扬，不符合规矩的时候要及时进行惩罚，二者缺一不可。

(4) 要有耐心，持之以恒。

好习惯的形成需要一定的时间，家长在为孩子立规矩的时候，必须要有耐心，不能操之过急。相信孩子会慢慢地成长为表里如一的好孩子。

第四节　能力差异与指导策略

一、能力差异的概述

1. 能力的定义

能力指直接影响活动效率，保证活动顺利完成的个性心理特征。所以，能力强的人活动的效率就高，能力低的人活动的效率就低。但是，任何活动，单独靠某方面的能力是难以完成的，如，当一名优秀的幼儿教师，需要良好的观察能力、记忆能力、思考能力、组织能力、言语表达能力等，所以，能力有多种类型，如认识能力、操作能力和交往能力；一般能力和特殊能力，一般能力也称为智力。能力不仅有多种类型，表现形式也是不同的。

2. 能力的发展差异

儿童能力发展的差异主要表现在以下四个方面。

(1) 发展水平上

人与人能力发展的水平是不完全一样的，心理学家通过研究发现，人类的能力发展状况呈现正太分布的特点：70%的人能力处于中常水平，理论上总有 2.3%的人能力是低常的，也总有 2.3%的人能力是超常的。

(2) 表现类型上

人与人能力的表现类型也是不一样的，有的人爱说、有的人擅跳；有的人会写，有的人愿画。美国教育家、心理学家加德纳认为，能力的内涵是多元的，由 8 种相对独立的成分组成，分别是语言能力、节奏能力、数理能力、空间能力、动觉能力、自省能力、交流能力和自然观察能力。

(3) 发生早晚上

人与人能力发生的早晚也是不一样的，有些人很早就表现出能力的天赋，如少年王勃，6 岁作了朗朗上口的《咏鹅》诗，14 岁写出了流芳百世的《滕王阁序》，而有些人则大器晚成，如达尔文 50 岁的时候才完成了进化论的写作。

(4) 男女性别上

儿童能力还表现出性别的差异，如在表现类型上，男孩擅长抽象思维，运动技能发展较好；女孩擅长

形象思维，言语能力发展较好。在发展的速度上，幼儿期女孩的发展速度较快，青春期以后男孩的速度超过女孩。由此可见，人与人之间能力差异是巨大的。

二、儿童能力差异指导策略

1. 理解差异、尊重差异

导致儿童能力发展差异的因素是多方面的，有遗传、儿童的早期经验，关键期的开发、环境、教育以及后天的自我努力等。人与人能力的差异是客观存在的，我们要承认差异，理解差异，不要进行无谓的攀比，所以，《指南》中提出了“要充分理解和尊重幼儿发展进程中的个别差异，切忌用一把‘尺子’衡量幼儿”。

2. 尊重儿童身心发展的基本规律

每个生命都有开花的时节，只是开放的时间是不一样的，有的开花早，有的开花晚，有的不开花，因为他是一棵参天大树。作为教育者要耐心地尽到自己浇水、施肥的职责，严禁人为的“拔苗助长”式的超前教育和强化训练。

3. 注重非智力因素的培养

非智力因素诸如良好的兴趣、稳定的情绪、专注的注意力、顽强的意志品质等，任何一个人的成功都是非智力因素与智力因素相互作用的结果，华罗庚曾说：“勤能补拙是良训，一分辛劳一分才。”华罗庚小时候并不聪明，数学不及格是家常便饭，可是他非常努力，最终成为世界著名的科学家，这就是非智力因素的重要作用。

4. 开展丰富多彩的活动

人的能力总是在活动中形成和发展起来，并在活动中得到表现。如幼儿在活动中锻炼了观察能力和判断能力等，这些能力又在幼儿进行其他活动中显示出来，所以，要通过开展并引导儿童参加丰富多彩的活动，锻炼儿童各方面能力的水平。

案例剖析

可爱的微微

行为观察：在幼儿园里微微可是个名人，因为她白白胖胖的，憨态可掬，好似一个可爱的熊猫宝宝，非常招人喜欢，幼儿园的每一位员工看到微微，都愿意亲亲她，抱抱她。微微的适应能力很强，到幼儿园几乎没怎么哭闹，就过了焦虑期。微微还非常喜欢与小朋友玩，早晨小朋友进班的时候，只要微微在，她总是跑上前去迎接后来的小朋友，小朋友们也非常喜欢微微，都愿意与她亲热地搂搂抱抱。可是，与微微高高大大的身材不相符的是微微的言语，已经3周岁的微微，仍然不太会说话，与人交流时常常一个词一个词地往外蹦。比如，今天户外活动回来，微微伸着她的小脚丫对我说“嘻嘻”，那意思是“老师，替我脱鞋”，若不是相处时间久了，还真理解不了。另外，小伟老师说微微比较任性，这应该是理解能力还比较弱。通过了解还知道，微微爸爸不在家，妈妈是护士，经常值夜班，微微基本上都是姥姥带着，姥姥年岁大了，很少和孩子沟通，观察了一段时间，我感觉微微的表现可能是言语发育迟滞。

行为分析：语言不仅是人们交往的工具，也是思维的物质外壳，语言的发展水平直接影响着思维的发展。儿童期是语言发展的关键期，其发展的水平可能对今后的各项活动产生深远的影响。

儿童言语的发展以听觉、发音器官和大脑三者功能的成熟为基础，在与成人的交往过程中，通过成人的影响、通过不断模仿和练习逐渐发展起来。但他们不是被动地模仿成人的言语，而是主动的、积极的。儿童言语的发展是一个相当长的过程：新生儿会哭闹，到两个月左右，可以发出“啊”“咿”声；约5个月开始进入牙牙学语阶段，发出 ma—ma、ba—ba 类似于“妈”“爸”的单音节语音；第9个月起牙牙学语，能连续发出不同的音节，并能听懂一些简单的语言，对成人的一些要求做出反应；1岁左右能听懂10—20个词，开始有意识地叫妈妈、爸爸，并逐渐说出一些能被理解的词，进入了言语发展期，常用一个单词来表达比该词意更为丰富的意思，就是所谓的“电报句”如：“饭饭”可能是指“这是饭”也可能是指“我要吃饭”等。

2岁儿童的言语大部分是简单句，结构简略、断续，如“妈妈鞋”类似电报，称为电报句等。但是发展较迅速，到3岁时基本上可以说完整句，并逐渐学会用代词、形容词、副词等修饰语，词汇量可达1 000个左右，同时进入言语发展的敏感期，对说话感兴趣，喜欢说话，言语能力基本形成。

在言语发育的某个过程中如果出现了问题，就可能出现迟滞的现象，即言语发育迟滞，也可认为是语言发育的障碍，是指由某种原因引起的理解表达和交流过程出现障碍，主要表现为：

(1) 过了说话的年龄仍不会说话；

(2) 虽然开始说话，但比别的正常孩子发展慢或出现停滞；

(3) 虽然会说话，但语言技能较低，语言应用、词汇和语法应用均低于同龄儿童；

(4) 只会用单词交流不会用句子表达；

(5) 语言理解困难和遵循指令困难，回答问题反应差，交流技能低。

儿童具有很强的个体性，尽管都是言语发育迟滞这一类现象，但有的孩子可能在后期言语发育明显加快，可以赶上同龄正常儿童，或只残留轻微障碍；而有一些孩子则可能依然如故，或者引起一些继发障碍（如学习困难），还有一些儿童尽管有障碍，但早期表现出较活泼可爱，进入少年期反而变得呆滞迟钝，所以无论是哪种情况，引起足够的重视，早期进行干预和矫治是必要的。

行为指导： 3岁是儿童言语发展的敏感期，这一时期进行有效的干预可以收到良好的效果。具体做法如下：

1. 加强语言表达力的训练

儿童学习语言的基本方法就是模仿。因此，成人要多和孩子说话，训练他模仿成人的语言发音，要鼓励孩子敢说话，学会用语言表达自己的要求。为此要邀请幼儿园教师或到专业的机构按照一定的程序有计划地对儿童实施训练，父母最好也参与训练。重点训练孩子对语言的理解、听觉记忆及听觉知觉等方面的能力，尤其是幼儿园的教师，因为孩子和老师相互之间都较熟悉，话题容易进行，但是在幼儿园里，教师要教育和管理所有儿童，没有过多的精力针对某一个孩子，所以家长可以向老师提出申请，利用业余时间进行专项训练，可以收到比较好的效果。

2. 激发儿童讲话的积极性

言语是需要诱发的，当儿童有额外要求的时候，鼓励他通过言语交流来实现。比如，当需要妈妈抱的时候，要儿童喊“妈妈”，如儿童不喊“妈妈”，妈妈应微笑着注视，直到儿童喊“妈妈”时，再进行热情地拥抱或亲吻。这样，就会使儿童体验到喊“妈妈”得到的奖励，调动起说话的兴趣和积极性。

3. 为孩子创造广泛接触外界的条件

言语的产生需要情境，引导儿童多接触社会和大自然，会使儿童的生活丰富起来，眼界开阔了，见识广了，自然就有说话的要求了。如果再配合语言训练，儿童的言语能力就会相应地得到很好发展。

综上所述，对语言发育迟滞儿童进行特殊训练是非常必要的。实践表明，表达型语言障碍经过早期预后可以获得良好的效果。虽然有的孩子不经训练也可能随年龄增长逐渐获得语言能力，但不应该拿孩子的发展去冒险，早期干预是必要的。

【本章习题】

1. 简述儿童的个性差异有哪些表现形式。
2. 论述儿童的气质差异表现。如何根据儿童的气质差异进行教育？
3. 观察一名气质典型儿童，分析其行为特点，并尝试对不良行为进行引导。
4. 列举儿童的性格差异体现在哪些方面。如何根据儿童的性格差异进行教育？
5. 观察生活中儿童的性格差异，并提出纠正不良性格特征的策略。
6. 简述儿童能力差异的表现。如何根据儿童的能力差异进行教育？
7. 试对生活中发现的儿童能力差异的原因进行分析，并提出引导策略。

第四篇

儿童行为观察研究与指导的结论

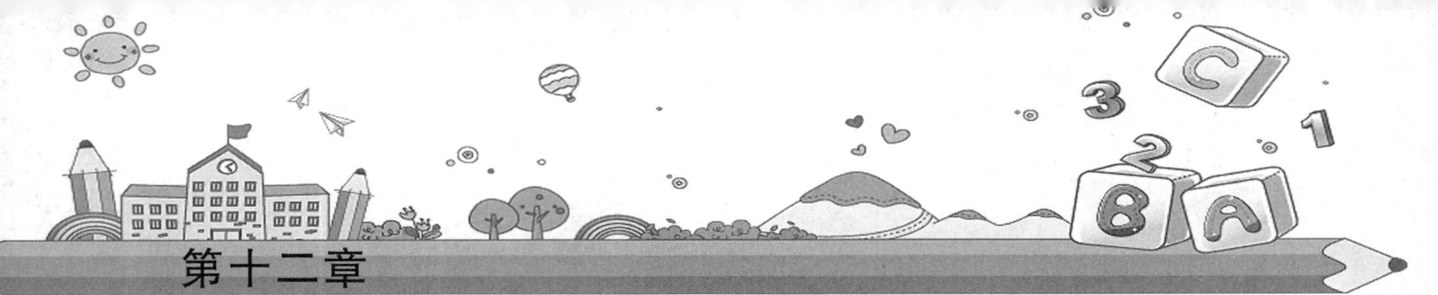

第十二章

儿童行为观察研究与指导的结论

学习目标

1. 认知：了解儿童行为观察研究与指导结论得出的基本要求，掌握儿童行为观察研究结论的基本类型。

2. 技能：学会根据具体情况，选择适合的结论类型对儿童行为观察研究与指导的基本过程进行总结。

3. 情感：拥有科学研究的基本意识，懂得经验总结的重要性，愿意对实践的材料进行文字或其他方式的处理。

经典导学

应彩云，毕业于杨浦幼师，先后进修于杨浦教育学院、华东师范大学。参与上海市二期课改教材、上海迎世博礼仪教程等不同地区幼教课程的编写。曾在《幼教园地》《学前教育》《上海托幼》《幼儿教育》等杂志发表文章十余篇，主要著作有《孩子是天我是云》《在墙面环境中学习》《风轻云淡》等。多年来，她就如何了解儿童，体察儿童的需要，创设良好的人际环境进行了专题探索，就如何对学前儿童进行自主性教育进行了细致的研究，撰写了《浅谈幼儿园德育环境》《拥有自己的天空》《我给幼儿讲故事》等文章，发表于专业刊物上，编写了一系列童话故事发表于儿童刊物上，并产生一定的影响。由于她出色的工作成绩。近年来，她频频荣获"上海市青年新秀""上海市优秀园丁""上海市优秀教育工作者""上海市特级教师""上海市劳动模范""上海市十佳教师"等荣誉称号。

从上面的案例可以看出，只对儿童进行观察分析还不行，还要有把对儿童进行观察分析研究的基本过程撰写成文字的能力，这就是儿童行为观察研究与指导的结论。得出了研究结论，有助于进一步反思自己的教育、教学活动，著名教育家叶澜教授指出："一个教师写一辈子教案不一定成为名师，如果一个教师写三年的反思，有可能成为名师"，教学反思，就是对自己的教学活动进行整理，得出结论的过程。同时结论的整理也会为其他人的教育教学活动提供宝贵的经验。

第一节　结论得出的基本要求

儿童行为观察研究与指导的结论也不是随随便便就得出的，要注意以下四方面的问题。

一、要以理论知识为基础

对儿童行为进行分析研究是科学活动，不能随意想当然地进行，要遵循一定的理论依据进行分析，才能有高度。《儿童心理学》《儿童教育学》及学前教育的各学科理论都是对儿童心理现象进行分析研究的理论根据。

二、要结合儿童行为产生的情境

儿童的任何行为都是在特定的情境下产生的，所以在分析研究的时候，不能脱离情境而仅仅孤立地分析某个行为，而是要把行为和产生的情境紧密地结合起来，分析行为产生的具体原因，如“儿童的家庭背景是什么样的？”“是在什么情况下出现这个行为的？”等，结合情境，实事求是地进行分析，才能找出问题的症结，任何脱离情境的分析都是片面的、孤立的。

三、要以《指南》为参照

《指南》是引导我国“3—6岁”儿童学习与发展方向的指导性文件，它为教师和家长了解幼儿的身心发展水平和特点，提供了具体、可操作的依据和指导建议。明确地指出了：幼儿心理发展的基本规律，学习特点和学习品质，可以引导幼儿教师和家长，在教育过程中树立对幼儿合理的教育理念，合理的期望水平，从而促进科学保教活动的进行。所以，在对儿童行为进行研究与指导时，要以《指南》为具体参照。

四、要把分析与指导有机的结合起来

对儿童行为进行观察研究的目的，是为了更好地指导幼儿教育的具体实践，家园合作，共同提高儿童的身心发展素质，因而在观察分析的过程中，要积极吸纳家长的参与，与家长共同分析问题的产生的原因，携手制定解决问题的策略，及时把观察、分析的结论用于指导儿童日常生活的实际。

第二节　结论的基本类型

儿童行为观察与研究的结论是观察和研究活动的最终结果和表现形式。它是以照片、视频、电子或书面文字的形式，对整个观察与研究活动的基本观点、指导思想和具体操作方法，进行全面的分析和呈现，也是对整个观察研究活动的梳理和总结。结论提出的目的是为了更好地总结自己的研究活动，可以使研究者进一步理清研究的基本思路，反思整个观察与研究的基本活动，提高研究者分析问题、解决问题的基本能力，提高科学研究的水平和能力，为今后进一步明确新的研究问题和研究方向，提高后续研究活动的效率，以便少走弯路、少犯错误，更多、更好地在教育、教学的实践活动中提炼新的研究成果，从而加快幼儿教师自身专业化的成长步伐。

通过对观察研究活动的总结，也进一步揭示学前教育的基本规律，通过进一步提炼，实现由现象向规律的升华，从而利于结论的进一步推广。儿童行为观察分析与指导的结论可以有以下三种类型。

一、儿童学习故事手册

“学习故事”是由新西兰学前教育学者卡尔提出的对儿童行为进行观察研究的方法。是指幼儿教师借助于手机、照相机、摄像机等现代工具以视频、照片或文字等多种形式，采集、记录儿童在某一时间段或某一事件中的行为表现，并以此作为对儿童行为观察描述的记录，通过纸质手册、PPT或VCR等形式的制作，配以文字的解读，从而反映儿童在学习和生活中“做了什么事情”“能做仁么事情”“想做什么事情”等一系列行为表现的直观、具体、形象、现代的观察研究方式。

儿童学习故事手册不仅能够反映儿童富有个性的发展过程，而且能够帮助教师在对儿童立体、全方位的观察分析、研究中更好的自我成长，也有助于促进家园之间的良好互动，同时给儿童美好的童年留

下珍贵的回忆，丰富儿童的学习生活和教师的教育活动，开发出更多更好、更有益于儿童健康成长的学习资源，真正体现“以幼儿为本”的学前教育理念。

（一）制作原则

1. 系统性原则

儿童学习故事的内容可以涉及儿童的身体、动作、认知、言语、情感及社会能力等多个发展领域，既全面又真实地反映儿童在学习过程中产生的各种行为。用照片或影像的形式记录下儿童在各个活动领域的情况，活动的作品，随着儿童的成长，他们行为的足迹也逐渐丰满，可以比较系统地反映儿童各个时期、各个领域的发展情况。

2. 阶段性原则

儿童学习故事的内容，以幼儿年龄特点为主线，结合幼儿园教育的基本形式，将儿童学习故事，按儿童的年龄阶段划分为册，在内容结构的编排上可以以班级开展的主题教学活动或儿童的个体表现为载体，体现儿童在每个年龄阶段或每个领域内的学习、成长的基本情况，不仅具有阶段性的特点，而且有助于发现每个阶段或领域内的具体问题。

3. 多元性原则

儿童学习故事手册在制作的过程中要家园互助，既要收录儿童在幼儿园的学习情况，又要动员儿童及家长参与的积极性和主动性，将儿童在家庭、社会活动、才艺班中的学习表现也进行收录，从不同角度、不同层面，全面展现儿童学习过程中的精彩故事。

4. 经济性原则

儿童学习故事手册的制作，要充分考虑教师和家长人力、物力的投入情况，不求“高、大、上”，但求“有用”“实用”，使手册经济方便、科学合理，便于操作和使用。

（二）制作过程

1. 搜集资料

以照片、视频、作品或文字的形式采集、记录儿童在课堂、区角、户外学习过程中的个体活动或集体活动素材资料。注意搜集的角度应该全面、真实，不能人为地设计孩子的活动，否则分析研究就失去了真正的意义。

2. 整理分析

整理分析资料的过程是一个去粗取精，去伪存真的过程，在搜集资料的基础上，对占有的资料进行筛选，选取儿童在集体活动、主题活动或个体活动过程中的具有代表性的、能够反映儿童个性特点的典型的活动案例进行分析和解读，在分析和解读的过程中，要结合学前教育的基本理念，结合《指南》和《纲要》等文件的精神，用发展的、客观的眼光看待孩子的成长，书写充满期待的寄语。

3. 装订编辑

儿童的学习是永不停歇的过程，所以学习故事也在不断地绵延，如果采用 PPT 或 VCR 形式制作手册，内容便于及时增减，再配上悦耳的音乐或背景，会增强使用的效果。如果采用纸质的手册，就会遇到页码增减的情况，因而，纸质手册要采用活页的形式，以便于随时增加内容，保持连续性。在手册的结构上应该由封面页（可以是儿童自己的作品）、序言页（可以是教师、家长或儿童自己的寄语）、主题页（手册的主体部分，儿童学习活动过程中的各个精彩瞬间）、封底页（孩子获得的成绩和进步等）构成。

4. 注意事项

儿童学习故事手册整体设计要美观、大方，给人留下良好的视觉审美享受。同时避免给老师和家长造成过多压力，让学习故事手册变成了孩子的档案袋，带来大量工作，导致教师和家长疲于应付，而是要有感而发，因人、因时、因地、因事制宜，具体情况具体分析，让学习故事手册记录儿童成长过程中的点滴进步、点滴感动；成为儿童成长经历的写照；成为儿童成长的美好回忆；成为教师和家长送给孩子，留给孩子的最珍贵的礼物。

案例参考

扉 页

背景介绍（间接观察）
姓名：1 昵称：宝宝
性别：男
血型：
出生年月：2013年4月 日
是否独生：是
入园日期：X年X月X日
入园班级：X 班
备注：如果不是从小班开始入园，需注明原因。
观察日期：2016年X月X日

封 皮

儿童学习故事手册

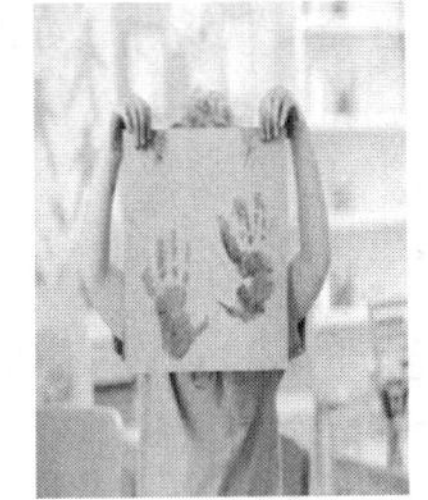

在故事中学习
在学习中长大

黑龙江幼儿师范高等专科学校
附属幼儿园

序 言

妈妈眼中的宝宝
妈妈说："宝宝是我的小天使，开心快乐，有时会有点小忧伤！调皮胆小、爱哭鬼！吃软不吃硬的小屁孩！有些恋母、有些健忘、有些迷糊、有些倔强、还有点爱臭显！！看不见时想，看见时有点烦，爸爸是个军人，经常不在家，他就是我最爱的小男人！"

老师眼中的宝宝：
老师说："宝宝是个活泼、爱哭倔强的调皮鬼！！他很希望有人关注他，所以经常大声地讲话；犯了错误拒不承认，先指责别人；有了自己喜欢的好东西，愿意跟小朋友显摆，却又不舍得给别人玩；愤怒小鸟的超级粉丝！！"

中 页

行为观察：

小朋友们都在洗手，宝宝突然把水阀门关掉了，小朋友都说怎么没有水了呢？宝宝见状，在一旁偷偷的笑起来。

中 页

- 行为分析：
- 宝宝在家和幼儿园里都表现出调皮的特点，说明宝宝是一位身体健康，精力旺盛，兴趣广泛探索欲望极强的孩子，同时宝宝又具有强烈的自尊心，期望更多的获得家长、老师和小朋友的重视和认可。

行为指导：
1.成人要善于发现和保护幼儿的好奇心
2.充分利用自然和实际生活机会，引导幼儿通过观察、比较、操作、实验等方法，学习发现问题、分析问题和解决问题；
3.帮助幼儿不断积累经验，并运用于新的学习活动，形成受益终身的学习态度和能力。

行为观察：小朋友们都在洗手，宝宝突然把水阀门关掉了，小朋友都说怎么没有水洗手呢？宝宝见状，在一旁偷偷地笑起来。

行为分析：宝宝在家和幼儿园里都表现出调皮的特点，说明宝宝是一位身体健康，精力旺盛，兴趣广泛探索欲望极强的孩子，同时宝宝又具有强烈的自尊心，期望更多的获得家长、老师和小朋友的重视和认可。

行为指导：

1. 成人要善于发现和保护幼儿的好奇心；

2. 充分利用自然和实际生活机会，引导幼儿通过观察、比较、操作、实验等方法，学习发现问题、分析问题和解决问题；

3. 帮助幼儿不断积累经验，并运用于新的学习活动，形成受益终身的学习态度和能力。

二、观察报告

观察报告就是通过对儿童行为的观察研究，把观察研究的基本情况和结论，撰写成书面文字，这是儿童行为观察研究与指导结论的基本形式。

（一）观察报告的撰写格式

观察报告一般分为标题、前言、观察活动的基本过程、材料的分析整理过程以及观察的基本结论。

1. 标题

标题要言简意赅。用陈述句表述，在10—20个字之间，如“对朝汉儿童入园适应性行为的观察研究报告”“男女儿童攻击性行为比较研究的观察报告”等等。

2. 前言

主要阐述问题的提出、研究的背景、观察的对象、目的、方式和方法等内容。

3. 正文

正文是观察报告的核心部分，应详细叙述观察活动进行的基本过程、基本步骤、所获得的数据资料、对数据进行整理分析的基本方式及最终得的结论。

4. 结尾

结尾部分要写明观察活动所取得的成果，所具有的现实意义，以及需要进一步揭示或探讨的问题，并在备注中注明观察者的姓名、日期和观察活动中需要说明的事项。

（二）观察报告的撰写要求

观察报告是科学研究报告的一种形式，报告中所体现的基本现象、基本过程的实施以及所获得的数据，都必须准确无误，客观真实，经得住实践和时间的检验。不能在叙述的过程中有自己的主观臆断和猜测，出现不符合事实本来面目的结论。

观察研究报告要体现科学研究的规范性，在撰写的过程中，要严格按照科学研究的规范格式操作，观点明确、思路清晰、逻辑严密、文字叙述精练流畅。

三、观察科研论文

观察科研论文是在对儿童行为进行充分观察与研究的基础上，就某种现象或某种问题进行阐述所撰写的文章。

撰写观察科研论文是幼儿教师科学开展教育、教学研究活动，实现幼儿教师专业化的体现。教育科学离不开科学的教育。工作在学前教育岗位上的广大幼儿教师，既承担着繁重的教育、教学任务，同时也是学前教育科研工作不可缺少的生力军。幼儿教师把自己长期观察研究的实践成果进行总结，不仅可以检验自己的科学研究的效果，也丰富了学前教育思想，是提高学前教育质量的重要保证。我国著名教育家陶行知、陈鹤琴等，正是由于他们在教育工作岗位上认真的观察，深入的研究，不断地总结，才取得了丰硕的研究成果，才奠定了新中国教育研究的基石。

（一）观察科研论文撰写要求

1. 论点新颖，具有独创性

如果没有创新性，论文的质量和特色也就无从体现，论文的价值就会大打折扣。有价值的观察科研论文，必须有自己的创新点。即文章在发现问题、分析问题和解决问题的过程中，提出了独到的见解，做到了人无我有，人有我新，人新我变，体现出独创性，给人意想不到的启迪。

2. 论据充分，具有可靠性

即观察科研论文的基本观点必须来自对具体材料的观察、分析和研究，有价值的科研论文，不是从“写作”开始的，而是从“观察”开始的，用观察的现象或数据旁征博引，从多方位、多角度用丰富的材料进行佐证，才能做到论证有理有据，详实可靠，准确无误。

3. 论证严密,具有逻辑性

对于提出问题、分析问题和解决问题的基本论证过程,要做到思考严密,符合客观事物的发展规律,论文通篇要围绕中心主题,形成一个有机整体,层次清晰、结构严密。

4. 语言准确,具有通俗性

观察科研论文最基本的写作要求是通俗易懂。因此,要在论文撰写前做足功课.想得清楚,才能写得明白;想得深刻,才能写得透彻;想得全面,才能写得周到,做到深入浅出,言简意赅。

(二) 观察科研论文撰写的基本格式

观察科研论文的撰写格式包括:题目、内容摘要、关键词、前言、正文、参考文献等几部分。

1. 题目

题目的字数一般在 20 字左右。题目应与内容高度符合,如设副标题,要另起行,用"——"线衔接,题目要用描述性的词语,最好不出现标点符号,尤其不用惊叹号或问号,如"谈谈 3 岁儿童的学习特点""初入园儿童适应行为的观察与培养"等。

2. 署名

署名分为两种情形,即单个作者论文和多个作者论文。单个作者直接署名即可。多个作者的论文应按顺序署名,如第一作者、第二作者……在署名的过程中要坚持实事求是的态度,把在研究工作与论文撰写工作中实际贡献大的向前排列。

3. 摘要

摘要的目的是以简明、确切的文字记述文章的主要内容。涉及整个观察研究过程的目的、方法和结论。摘要应具有独立性和全局性,即使不阅读全文,也能使读者迅速了解论文的主要内容。摘要的字数一般在 100～200 字之间,行文不宜分段。

学习拓展

后现代主义视域下对儿童心理素质的认识

摘要:作为一种哲学思潮,后现代主义的出现仅短短几十年的时间,但它对现代人类社会各个领域的影响和渗透却是方方面面的,本文主要论述了后现代主义的主要观点及其对儿童心理素质的认识。(《黑河学院学报》2016 年第八期)

4. 关键词

关键词是观察研究论文正文叙述中的核心词汇,是能反映论文主旨概念的词或词组,确定关键词需要对论文的全文进行深入分析,把握文章的主题概念和中心内容,从题目、摘要、各层次标题和正文的重要段落中,抽取出与主题一致的词或词组,关键词的数量在 3—8 个之间。

5. 前言

属于整篇论文的引论部分,良好的开端等于成功的一般,好的前言能够快速引人入胜,激发阅读的强烈愿望。前言要交代清楚观察与研究的目的、背景、前人或他人研究情况,研究所遵循的理论和实践依据,研究活动的预期成果及其在相关领域里的作用和意义等。前言的内容要精练,叙述要简洁,要有启发性和新颖性,吸引读者继续阅读的兴致,可根据整篇论文篇幅的长短及论文内容的需要来确定篇幅的大小,一般在 100 字至 1 000 字之间。

6. 正文

正文是论文的主体部分,所占的篇幅最大,主要体现观察科研活动所取得的创造性成果或新的研究结论,因此,应该主题鲜明突出,内容丰富充实,论证有力可靠,段落层次清晰,在叙述的过程中常需分成几个大段落,大段内往往还要包含小的自然段落。因此,每个自然段落都要加上适当的标题,标题分级要按照由大到小的顺序,如:一、(一)1.(1)①,通常采用四级标题,且标题中不宜出现标点符号,如:一、注意的品质;(一) 注意的稳定性;1. 稳定性的定义。

7. 参考文献

参考文献也是论文必不可少的部分，把在观察研究或论文写作过程中参考的别人的文献在自己的文章中体现出来，既是表示自己对原作者的尊重，同时还能体现自己所进行的学习活动，提高自己研究的学术分量。值得注意的是，在附录参考文献时，要按照项目仔细记录，不要漏记、错记。凡是引用的他人的观点、数据和材料，在文章中都要进行简单的交代，并在出现的位置用小方括号予以标明，在文章的末尾按顺序列出所参考的文献名称，如《试论后现代主义教育观对幼儿教师专业发展的要求》中：韦伯所说"一切关于现实的知识都来源于某个特定的观察者，一切事实都是由人们建构起来的解释，一切单一视角都是有限的和不完全的"①。在文章参考文献的附录中注明：①韩立福.《后现代主义课程观》[J]. 理论前沿，2007 年 4 月，第 2 期，(第 20 页)。

参考文献的类型不同，所采用的符号标识也不同，要根据不同文献的类型进行标识：如：专著为[M]；论文集为[C]；报纸为[N]；期刊为[J]。而且，标注的书写顺序也要规范，一般情况是：

专著：[序号]作者. 文献题名[M]，出版地：出版者，出版年，起止页码。

期刊文章：[序号]作者. 文献题名[J]，刊名，年，卷(期)：起止页码。

报纸文章：[序号]作者. 文献题名[N]，报纸名，出版日期(版次)。

电子文献：[序号]作者. 电子文献题名[电子文献及载体类型标识]，电子文献的出版或获得地址，发表更新日期/引用日。

学习拓展

观察科研论文

题目：科学设置和管理幼儿园观察角

摘要：幼儿园的观察认识活动是以观察为主要认知手段，引导幼儿探索客观事物、现象的特征，发展幼儿的科学认知，培养科学情感，形成科学态度，训练科学方法的一种科学启蒙教育活动。

关键词：幼儿园；科学设置；管理；科学认知。

正文：

参考文献：

摘自：吴晓娟. 科学设置和管理幼儿园观察角，《福建教育·学前教育》2011.9 第 43 页。

【本章习题】

1. 学习故事手册的制作原则和过程有哪些？
2. 以学习故事手册的形式对某一儿童的行为进行观察分析与指导。
3. 简述儿童行为观察与研究的结论形式。
4. 简述观察报告的基本格式及其撰写要求。
5. 以见习中观察到的某一儿童的心理现象为内容活动撰写一篇观察报告。
6. 尝试将你在学习中观察到的某一个教育现象撰写成观察科研论文。

参 考 文 献

1. 胡育. 教育科学研究方法[M]. 上海：上海教育出版社，2005.
2. 杨晓伟. 教育研究方法[M]. 北京：人民教育出版社，2005.
3. 王小英，满晶. 学前心理学[M]. 长春：东北师范大学出版社，2004.
4. 崔丽娟. 天使之心[M]. 北京：北京大学出版社，2007.
5. 李秉德. 教育科学研究方法[M]. 北京：人民教育出版社，1997.
6. 李芳. 现代教育科学研究方法[M]. 广州：广东教育出版社，1997.
7. 叶澜. 教育研究及其方法[M]. 北京：中国科学技术出版社，1990.
8. 陈静逊. 小学教育科研方法[M]. 上海：华东师范大学出版社，2000.
9. 张敏强. 教育与心理统计学[M]. 北京：人民教育出版社，2002.
10. 郑日昌. 心理测验与评估[M]. 北京：高等教育出版社，2005.
11. 华国栋. 教育科研方法[M]. 南京：南京大学出版社，2000.
12. 王坚红. 学前儿童发展与教育科学研究方法[M]. 北京：人民教育出版社，1986.
13. 李洪曾. 幼儿教育科研方法[M]. 上海：上海教育出版社，1994.
14. 谢培松. 教育科学研究导论[M]. 长沙：湖南科学技术出版社，2003.
15. 谢春风，时俊卿. 新课程下的教育研究方法与策略[M]. 北京：首都师范大学出版社，2000.
16. 周宗奎. 儿童社会化[M]. 武汉：湖北少年儿童出版社，1995.
17. 裴娣娜. 教育科研方法导论[M]. 合肥：安徽教育出版社，1995.
18. 张厚璨. 心理与教育统计学[M]. 北京：北京师范大学出版社，1999.
19. 李爱华. 学前教育科学研究[M]. 南京：南京师范大学出版社，2001.
20. 张宝臣. 学前教育科研方法[M]. 上海：复旦大学出版社，2006.
21. 张燕，刑利亚. 学前教育科学研究方法[M]. 北京：北京师范大学出版社，1999.
22. 周希冰. 学前教育科学研究[M]. 北京：高等教育出版社，2006.
23. 袁振国. 教育研究方法[M]. 北京：高等教育出版社，2000.
24. 沈庆华，马以念. 幼儿教育科学研究方法[M]. 兰州：甘肃科学技术出版社，1999.
25. 王喜毅. 教学研究方法论[M]. 兰州：甘肃文化出版社，1998.
26. 刘晶波. 师幼互动行为研究——我在幼儿园里看到了什么[M]. 南京：南京师范大学出版社，2000.
27. 王振宇. 儿童心理发展理论[M]. 上海：华东师范大学出版社，2000.
28. 国家教育部颁布. 幼儿园教育指导纲要(试行). 2001.
29. 李季湄，冯晓霞. 3—6 岁儿童学习与发展指南[M]. 北京：人民教育出版社，2013.
30. 杨枫. 学前儿童游戏(第二版)[M]. 北京：高等教育出版社，2012.
31. 王烨芳. 学前儿童行为观察与分析[M]. 南京：江苏教育出版社，2012.
32. 唐利平. 学前儿童心理与发展[M]. 贵阳：贵州大学出版社，2015.
33. 曲苒，李明军，陈卿. 学前儿童心理发展[M]. 北京：教育科学出版社，2014.
34. 赵红月. 大班幼儿户外活动现状调查[D]. 辽宁师范大学硕士学位论文，2015.
35. 杨丽珠. 取样观察法——观察法(一)[J]. 山东教育，1999(15)：11～12.
36. 张晓山. 对社会观察的客观性的再认识[J]. 理论月刊，1997(2)：28～31.

37. 姚有华.观察法[J].上海预防医学杂志，2003(11)：540～541.
38. 王月霞.观察法在幼儿游戏指导中的运用[J].教育导刊幼儿教育，2006(10)：23～25.
39. 俞伟.幼儿教育科研方法——观察法[J]早期教育，1989(1)：18～19.
40. 李洪增.怎样进行数据登录与整理[J].山东教育，2002(3)：10～11.
41. 陈萍.浅谈师幼互动的意义[J].学前教育·幼教版，2003(10)：29.

图书在版编目(CIP)数据

儿童行为观察与指导/罗秋英主编. —上海：复旦大学出版社，2018.4(2023.7 重印)
普通高等学校学前教育专业系列教材
ISBN 978-7-309-13605-0

Ⅰ. 儿… Ⅱ. 罗… Ⅲ. 儿童-行为分析-幼儿师范学校-教材 Ⅳ. B844.1

中国版本图书馆 CIP 数据核字(2018)第 058683 号

儿童行为观察与指导
罗秋英 主编
责任编辑/查 莉

复旦大学出版社有限公司出版发行
上海市国权路 579 号 邮编：200433
网址：fupnet@fudanpress.com http://www.fudanpress.com
门市零售：86-21-65102580 团体订购：86-21-65104505
出版部电话：86-21-65642845
上海崇明裕安印刷厂

开本 890×1240 1/16 印张 8.75 字数 257 千
2023 年 7 月第 1 版第 13 次印刷
印数 50 201—55 300

ISBN 978-7-309-13605-0/B · 658
定价：32.00 元